总主编 伍 江 副总主编 雷星晖

刘金库 吴庆生 著

锌铜族硫化物及碱土族含氧酸盐纳米/微米材料的活性膜模板法控制合成及其性能研究

内 容 提 要

纳米材料的模板法控制合成是近年来材料研究领域的热点，特别是如何利用合成原理制备纳米超结构材料。本书的研究中首次利用具有人工活性的胶棉膜为模板，制备出系列半导体硫化物纳米材料，并以具有生物活性的蛋膜为模板，通过与有机试剂的协同作用，首次合成出了硫酸钡纳米管，成功实现对碱土族含氧酸盐形貌的控制，初步探索了晶体形貌控制合成的基本规律，获得了荧光纳米探针材料，向实现纳米材料的器件化迈出了重要的一步。

本书可供高分子材料研究人员参考，并可作为相关专业学生的教材。

图书在版编目(CIP)数据

锌铜族硫化物及碱土族含氧酸盐纳米/微米材料的活性膜模板法控制合成及其性能研究/刘金库，吴庆生著.
—上海：同济大学出版社，2018.10
(同济博士论丛/伍江总主编)
ISBN 978-7-5608-7741-9

Ⅰ.①锌…　Ⅱ.①刘…　②吴…　Ⅲ.①纳米材料—合成材料—研究　Ⅳ.①TB383

中国版本图书馆CIP数据核字(2018)第033690号

锌铜族硫化物及碱土族含氧酸盐纳米/微米材料的活性膜模板法控制合成及其性能研究

刘金库　吴庆生　著

出品人　华春荣　　责任编辑　冯寄湘　卢元姗
责任校对　徐春莲　　封面设计　陈益平

出版发行　同济大学出版社　　www.tongjipress.com.cn
(地址：上海市四平路1239号　邮编：200092　电话：021-65985622)
经　　销　全国各地新华书店
排版制作　南京展望文化发展有限公司
印　　刷　浙江广育爱多印务有限公司
开　　本　787 mm×1092 mm　1/16
印　　张　10.25
字　　数　205 000
版　　次　2018年10月第1版　　2018年10月第1次印刷
书　　号　ISBN 978-7-5608-7741-9

定　　价　51.00元

“同济博士论丛”编写领导小组

“同济博士论丛”编辑委员会

总 序

在同济大学110周年华诞之际，喜闻“同济博士论丛”将正式出版发行，倍感欣慰。记得在100周年校庆时，我曾以《百年同济，大学对社会的承诺》为题作了演讲，如今看到付梓的“同济博士论丛”，我想这就是大学对社会承诺的一种体现。这110部学术著作不仅包含了同济大学近10年100多位优秀博士研究生的学术科研成果，也展现了同济大学围绕国家战略开展学科建设、发展自我特色，向建设世界一流大学的目标迈出的坚实步伐。

坐落于东海之滨的同济大学，历经110年历史风云，承古续今、汇聚东西，秉持“与祖国同行、以科教济世”的理念，发扬自强不息、追求卓越的精神，在复兴中华的征程中同舟共济、砥砺前行，谱写了一幅幅辉煌壮美的篇章。创校至今，同济大学培养了数十万工作在祖国各条战线上的人才，包括人们常提到的贝时璋、李国豪、裘法祖、吴孟超等一批著名教授。正是这些专家学者培养了一代又一代的博士研究生，薪火相传，将同济大学的科学研究和学科建设一步步推向高峰。

大学有其社会责任，她的社会责任就是融入国家的创新体系之中，成为国家创新战略的实践者。党的十八大以来，以习近平同志为核心的党中央高度重视科技创新，对实施创新驱动发展战略作出一系列重大决策部署。党的十八届五中全会把创新发展作为五大发展理念之首，强调创新是引领发展的第一动力，要求充分发挥科技创新在全面创新中的引领作用。要把创新驱动发展作为国家的优先战略，以科技创新为核心带动全面创新，以体制机制改革激发创新活力，以高效率的创新体系支撑高水平的创新型国家建设。作为人才培养和科技创新的重要平台，大学是国家创新体系的重要组成部分。同济大学理当围绕国家战略目标的实现，作出更大的贡献。

大学的根本任务是培养人才，同济大学走出了一条特色鲜明的道路。无论是本科教育、研究生教育，还是这些年摸索总结出的导师制、人才培养特区，“卓越人才培养”的做法取得了很好的成绩。聚焦创新驱动转型发展战略，同济大学推进科研管理体系改革和重大科研基地平台建设。以贯穿人才培养全过程的一流创新创业教育助力创新驱动发展战略，实现创新创业教育的全覆盖，培养具有一流创新力、组织力和行动力的卓越人才。“同济博士论丛”的出版不仅是对同济大学人才培养成果的集中展示，更将进一步推动同济大学围绕国家战略开展学科建设、发展自我特色、明确大学定位、培养创新人才。

面对新形势、新任务、新挑战，我们必须增强忧患意识，扎根中国大地，朝着建设世界一流大学的目标，深化改革，勠力前行！

万　钢

2017 年 5 月

论丛前言

承古续今，汇聚东西，百年同济秉持“与祖国同行、以科教济世”的理念，注重人才培养、科学研究、社会服务、文化传承创新和国际合作交流，自强不息，追求卓越。特别是近20年来，同济大学坚持把论文写在祖国的大地上，各学科都培养了一大批博士优秀人才，发表了数以千计的学术研究论文。这些论文不但反映了同济大学培养人才能力和学术研究的水平，而且也促进了学科的发展和国家的建设。多年来，我一直希望能有机会将我们同济大学的优秀博士论文集中整理，分类出版，让更多的读者获得分享。值此同济大学110周年校庆之际，在学校的支持下，“同济博士论丛”得以顺利出版。

“同济博士论丛”的出版组织工作启动于2016年9月，计划在同济大学110周年校庆之际出版110部同济大学的优秀博士论文。我们在数千篇博士论文中，聚焦于2005—2016年十多年间的优秀博士学位论文430余篇，经各院系征询，导师和博士积极响应并同意，遴选出近170篇，涵盖了同济的大部分学科：土木工程、城乡规划学(含建筑、风景园林)、海洋科学、交通运输工程、车辆工程、环境科学与工程、数学、材料工程、测绘科学与工程、机械工程、计算机科学与技术、医学、工程管理、哲学等。作为“同济博士论丛”出版工程的开端，在校庆之际首批集中出版110余部，其余也将陆续出版。

博士学位论文是反映博士研究生培养质量的重要方面。同济大学一直将立德树人作为根本任务，把培养高素质人才摆在首位，认真探索全面提高博士研究生质量的有效途径和机制。因此，“同济博士论丛”的出版集中展示同济大学博士研究生培养与科研成果，体现对同济大学学术文化的传承。

“同济博士论丛”作为重要的科研文献资源，系统、全面、具体地反映了同济大学各学科专业前沿领域的科研成果和发展状况。它的出版是扩大传播同济科研成果和学术影响力的重要途径。博士论文的研究对象中不少是“国家自然科学基金”等科研基金资助的项目，具有明确的创新性和学术性，具有极高的学术价值，对我国的经济、文化、社会发展具有一定的理论和实践指导意义。

“同济博士论丛”的出版，将会调动同济广大科研人员的积极性，促进多学科学术交流、加速人才的发掘和人才的成长，有助于提高同济在国内外的竞争力，为实现同济大学扎根中国大地，建设世界一流大学的目标愿景做好基础性工作。

虽然同济已经发展成为一所特色鲜明、具有国际影响力的综合性、研究型大学，但与世界一流大学之间仍然存在着一定差距。“同济博士论丛”所反映的学术水平需要不断提高，同时在很短的时间内编辑出版110余部著作，必然存在一些不足之处，恳请广大学者，特别是有关专家提出批评，为提高同济人才培养质量和同济的学科建设提供宝贵意见。

最后感谢研究生院、出版社以及各院系的协作与支持。希望“同济博士论丛”能持续出版，并借助新媒体以电子书、知识库等多种方式呈现，以期成为展现同济学术成果、服务社会的一个可持续的出版品牌。为继续扎根中国大地，培育卓越英才，建设世界一流大学服务。

伍　江

2017年5月

前 言

纳米材料的模板法合成是近年来材料研究领域的热点，特别是如何利用仿生合成原理制备纳米超结构材料，为科研工作者提出了新的挑战。本书以此为契机，围绕低维纳米材料和纳米超结构材料的仿生合成与性质研究，开展了以下几个方面的工作：

(1) 首次利用具有人工活性的胶棉膜为模板，制备出系列半导体硫化物纳米材料，包括 HgS，Ag_2S，CuS 纳米晶，CdS 准纳米球，ZnS 准纳米棒，$PbCrO_4$，$BaCrO_4$ 准纳米棒等。探讨了产物的形成机理，并对产物的光学性能进行了研究。

(2) 以具有生物活性的蛋膜为模板，通过与有机试剂的协同作用，首次合成出了硫酸钡纳米管，树状、海螺状、花瓣状硫酸钡纳米超结构，羽毛状、树状铬酸钡纳米超结构，磷酸钙纳米带组装球，磷酸锶羊毛球等，这些仿生超结构材料都是通过低维纳米材料自组装而成的。

(3) 以蛋膜为基础模板，以有机协同试剂为协同模板，从而共同组成超分子模板，成功实现了对钨酸钡、钨酸钙、钨酸锶、铬酸锶碱土族含氧酸盐晶体形貌的控制，并初步探索了晶体形貌控制合成的基本规律。

(4) 本书还成功实现了羟基磷灰石纳米带组装球的荧光修饰，获得了荧光纳米探针材料，向实现纳米材料的器件化迈出了重要的一步。

(5) 制备出具有纳米孔洞的 PbS 有机—无机纳米复合膜，并对其形成机理和光学性能进行了研究，为有机—无机纳米复合膜的制备作了有益的探索。

目录

第1章 无机纳米材料的研究进展及课题开展思路

1.1 纳米材料的模板合成法研究进展

1.1.1 纳米材料简介

随着信息、生物、能源、电子、制造等领域的高速发展，必然对材料提出了新的需求。元件的小型化、智能化、高集成、高密度存储和超快传输等，要求材料的尺寸越来越小；航空航天、新型军事装备及先进制造技术等对材料性能方面的要求也越来越高。能够满足上述要求的技术只有近几十年发展起来的纳米技术，它对未来经济发展和社会进步具有十分重要的作用。纳米科技是高度交叉的综合性学科。它不仅包含以观测、分析和研究为主线的基础学科，同时还有以纳米加工制造为主线的技术科学，所以纳米科学与技术也是一个融前沿科学与高技术于一体的完整尖端体系。纳米科技主要包括：纳米体系物理学、纳米化学、纳米材料学、纳米生物学、纳米电子学、纳米加工学、纳米力学等。这些部分既相对独立，又相互关联。纳米化学是当今化学最具挑战性的分支之一，它以纳米粒子的合成、表征和性质为主要研究对象。之所以称它是纳米科技的基础，是因为采用合适的化学方法得到所需尺寸和结构的纳米材料对纳米科技的其他几个部分的研究有着极其重要的作用，所以设计合适的合成方式和方法来制备不同类型的纳米材料，是近几年纳米研究的重点和热点之一。

纳米科学技术(Nano-ST)是20世纪80年代诞生的新科技，它的基本含义是在纳米尺寸(10^{-9}～10^{-10} m)范围内认识和改造物质，通过直接操作和安排原子、分子创造新的物质，或对其物质进行研究并掌握其原子和分子的运动规律与特性。人们界定纳米体系，即尺寸在0.1～100 nm之间的物质体系是有一定过程的：随着人类认识客观世界的不断深入，处于宏观和微观领域之间的介观领域走进了我们的视野。从广义上来说，凡是出现量子相干现象的体系，统称为介观体系，包括团簇、纳米体系和亚微米体系。但是，目前通常把亚微米体系(0.1～1 μm)称为介观体系，这样，纳米体系和团簇就从这种狭义介观领域独立出来，成为纳米体系。在纳米体系中，电子波函数的相关长度与体系的特征尺寸相当，这时电子不能被看成为处在外场中运动的经典粒子，电子的波动性在输运过程中得到充分的展现。由此，纳米体系中出现了独特的量子尺寸效应[7-10]、小尺寸效应[11]、表面效应[7, 12]、宏观量子隧道效应[13-15]、库仑堵塞效应[16]，以及介电限域效应[1,17]等。

广义上讲，纳米材料是指在三维空间中至少有一维处于纳米尺度范围或由它们作为基本单元构成的材料。纳米材料的基本单元可以根据空间维数分为三类：① 零维(量子点)，指三维均在纳米尺度，如纳米颗粒、原子团簇；② 一维(量子线)，指有两维处于纳米尺度，如纳米线、纳米棒、纳米管；③ 二维(量子阱)，指有一维在纳米尺度，如纳米薄膜、超晶格。纳米材料大部分是由人工制备的，但是自然界中早就存在纳米颗粒和纳米固体。例如，蜜蜂的腹部存在磁性纳米粒子，具有“罗盘”作用，可以为蜜蜂的活动导航。人工制备纳米材料的历史至少可以追溯到1 000多年前，中国古代铜镜表面的防锈层，经检验证实为纳米氧化锡颗粒构成的一层薄膜，不过有意识地进行纳米材料的合成只是近二三十年的事，最具有代表性的是

1991 年日本 NEC 公司饭岛(Iijima)合成并检测到碳纳米管[18]。

上文提及的小尺寸效应、量子尺寸效应、表面效应及宏观量子隧道效应是纳米微粒与纳米固体的基本特性。它们使纳米材料呈现出许多奇异的物理、化学性质。例如原本只能有限拉伸 1～2 倍的铜,制成纳米材料后,室温下能拉伸到原长度的 51 倍而没有明显的硬化效应[19];常规 Si_3N_4 烧结温度高于 2 273 K[20],而纳米烧结温度降低 673～773 K[21]。目前,人们对低维的纳米材料,特别是纳米微粒的理化特性研究较多,并形成了一定的体系。归结起来纳米微粒的热[22]、光[23-24]、电[17,25-26]、磁[27-29],一维纳米材料的力[19,30-34]、电[35-38]、光[39]、磁[40]等物理性质均有不同于常规材料的地方。这些奇异的性质为发展新型材料提供了新途径和新思路,并为功能复合材料的研究增添了新的内容。此外,纳米材料的表面效应使得其在传感[41]、吸附和催化[42]领域必定大有作为。而且,纳米材料与医学药物领域的交叉也是必然的发展趋势。

1.1.2　纳米材料的制备方法

纳米材料的制备大致可以分为气相法、液相法、高能球磨法、γ 射线辐射法和模板法等。其中,气相法又分为低压气体中蒸发法或称气体冷凝法、活性氢—熔融金属反应法、溅射法、流动液面上真空蒸镀法、通电加热蒸发法、混和等离子法、激光诱导气相沉积法(LICVD)、爆炸丝法、化学气相凝聚法(CVC)和燃烧火焰—化学气相凝聚法(CF - CVC)等。气体冷凝法是指在低压的氩气、氮气等惰性气体中加热金属,使其蒸发后形成超微粒 1～1 000 nm 或纳米颗粒。加热方法有电阻加热法、等粒子溅射法、高频感应法、电子束法和激光法等。这些不同的加热法使得制备的超微粒的数量、品种、粒径大小和分布等存在一些差异。液相法又可分为沉淀法(包括单相、混合物共沉淀、均相沉淀法、金属醇盐水解法和微乳法等)、喷雾法、水热法(高温水解法)、溶剂挥发分解法、溶胶凝-胶法(胶体化学法)和辐射化学合成法等。高能球磨法是利用球磨机的转动或振动使硬球对原料进行强烈的撞击、研磨和搅拌，把金属、合金和氧化物等粉末粉碎为纳米级颗粒的方法。γ 射线辐射法是一种在常温常压下制备纳米材料的方法，它是利用水在 γ 射线的作用下产生的大量还原性粒子（如水合离子）把金属离子还原，或者把一些较高价态的非金属元素（如硫）还原成最低价态，以制备纳米金属粒子、纳米合金粉末、纳米氧化物粉末、纳米复合材料和半导体硫化物纳米材料等。模板法是 20 世纪 80 年代出现的、90 年代蓬勃发展起来的合成纳米结构单元（包括零维纳米粒子、准一维纳米棒、丝和管）和纳米结构阵列体系的前沿技术，它是物理、化学多种方法的集成，在纳米结构制备科学上占有极其重要的地位。人们可以根据需要设计、组装多种纳米结构的阵列，从而得到常规体系不具备的性质，为设计下一代纳米结构的元件奠定了基础。出现最早使用最广泛的模板是阳极氧化铝模板（AAO），随后出现了聚碳酸酯等高分子模板和纳米孔洞玻璃、介孔沸石、多孔硅模板、蛋白和金属模板等。最近几年来随着碳纳米管技术的发展，碳纳米管也被用作设计制备纳米材料的模板。

模板合成方法既能方便的制备出尺寸和形貌可控的低维纳米材料，又能实现纳米材料的人工组装，从而制备出用传统方法无法获得的形态复杂的纳米材料。正是上述优点，使得“模板法” 在纳米材料的合成与制备中占据着毋庸置疑的重要地位。

1.1.3 纳米材料模板法合成的研究进展

1. 有机聚合物膜模板、多孔 Al_2O_3 膜模板[43]

有机聚合物模板目前常用来制备尺寸和形貌规则的一维纳米材料及相应的复合纳米结构。有机聚合物膜一类是通过“轨迹蚀刻”的方法制得，即先用高能粒子轰击高聚物薄膜以产生破坏性轨迹，然后用化学方法将这些轨迹蚀刻成孔。这类商品膜多为聚酯类膜，膜厚一般为 6～20 μm，孔径从 10 nm 至几百 nm，孔密度约为 10^9 孔/cm^2。另外一类是利用有机聚合物上的多孔结构及其上含有的活性基团，合成纳米材料[44-47]。

多孔 Al_2O_3 膜可通过在酸性溶液中电解金属铝制得，膜中含有六方排列、直径一致的圆柱形孔道，这些孔道几乎垂直于膜表面。调节电解时所加的氧化电势、电解质类型及电解时间，可获得不同孔径的膜，孔径从5 nm 至 200 nm，孔密度可达 10^{11} 孔/cm^2，膜厚一般为 10～100 μm。相对而言，多孔 Al_2O_3 膜的孔有序且密度高、热稳定性和化学稳定性好，便于制备尺寸和形貌可控的一维纳米材料及相应的复合纳米结构；此外，多孔 Al_2O_3 膜对可见光透明，便于研究光学性质及制成光电器件等。

2. 碳纳米管模板

研究表明，基于碳纳米管模板可制备一维纳米材料。Lieber 小组以性质稳定的碳纳米管为模板，使其与氧化物反应以获得碳化物纳米管；亦可将氧化物和碳纳米管的反应限制在纳米管内，从而制备碳化物纳米棒，其中 MO 是易挥发的金属氧化物或非金属氧化物：

$$MO(g) + C\ (nanotubes) \rightarrow MC\ (nanorods) + CO$$

3. Langmuir 膜、LB 膜、自组装薄膜模板

平铺在水溶液表面上的、二维连续的单分子层，被称为单分子膜，也被称为 Langmuir 膜；利用适当的机械装置，将一个或多个单分子层从水溶液表面逐层转移、组装到固体基片表面所形成的薄膜，被称为 Langmuir-Blodget(L－B)膜；而将一层或多层的分子、纳米粒子依次沉积到固相表面所形成的薄膜，被称为自组装薄膜[48]。自组装薄膜体系内的结合力大致包括共价键、配位键、离子—共价键、分子间力及库仑力[49-51]。根据结合力的不同，可以将自组装薄膜分为化学自组装薄膜和静电自组装薄膜。

20 世纪 80 年代以来，人们利用 L－B 膜制备了单组分薄膜以及有机/有机、有机/金属、有机/无机复合薄膜，在非线形光学薄膜、场效应管、光/

电开关、导电膜、绝缘超薄膜和传感器[48,49,52,53]等方面取得了一系列研究进展。随着研究的深入，人们发现，L－B膜的结合力主要是范德华力或氢键，因此体系稳定性不高；且制膜过程中，对技术、设备的要求较高。而利用化学吸附或静电吸附制备的自组装薄膜恰恰能克服上述缺点。因此，在自组装薄膜技术的优点被广泛认同后，有机超薄膜技术的研究重心从L－B膜技术转移到了自组装薄膜技术。科学家在这个领域取得的成果包括：Freeman等人通过—CN、—NH_2、—SH的成键作用，将金、银的纳米粒子组装成表面增强拉曼散射活性基底[54]；Lin等人研制了非线形光学薄膜和发光效率高的有机LED[55]；Caruso等制备了沉积在聚苯乙烯胶粒上的纳米粒子与聚电解质交替的多层膜[56]；Murray等人采用自组装法制备了CdSe纳米晶三维量子点超点阵，这种自组装体系的物性可以通过改变相应的参数进行调整，使其吸收带和发射带蓝移或红移；McCarthy等人在聚(4－甲基-1－戊烯)表面组装了聚电解质膜并就其对氮气的阻透能力进行了研究[57,58]。

4. 胶束、微乳、囊泡模板

众所周知，表面活性剂是具有两亲基团(亲油基、亲水基)的有机分子，当向水中加入表面活性剂达一定浓度(CMC：临界胶束浓度)时，表面活性剂就会在水中形成亲油基向内、亲水基向外并与水分子结合的聚集体，即“胶束”；若向这种表面活性剂溶液中加入油(或者油与辅助剂)，油就会溶于胶束内芯，使胶束溶胀变成小油滴，即“微乳”；随着加油和增溶过程的继续进行，油滴长大成为“囊泡”，而这种油水分离成片分布的体系被称作“乳状液”。

无论是胶束、微乳还是囊泡，都有水包油(O/W)和油包水(W/O)两种类型。人们已经利用W/O型胶束、微乳、囊泡作为“微反应器”制备出了包括金属[59]、合金[60]、半导体[61,62]、金属硼化物[63]、金属氧化物[64]、难溶盐[65]在内的大量纳米微粒。

微乳和囊泡一般为呈球形，但胶束的形状可通过选用不同的表面活性剂及反应条件加以控制。通常情况下，胶束的形状随表面活性剂用量的增加，逐步由球状，经过棒状，向层状过渡和转变；若水溶液中有一些无机盐存在，则胶束的形状易呈棒状。

5. 液晶、有序介孔模板

20世纪90年代初，Beck等人在温和的水热体系中合成出了具有均有孔道结构和狭窄孔径分布的M41S系列介孔分子筛，其孔径可根据合成条件的不同在1.5～10 nm之间进行调变，且具有很大比表面积(＞700 m^2/g)和很高的氢吸附量(＞0.7 cm^3/g)等特性。

6. 有机分子模板

在纳米材料的合成中经常出现以有机分子作为模板的情况。其中Hiroshi M.等人用缩氨酸卷曲聚合而成的纳米管为模板制备金属卟啉纳米管的工作，被视为有机分子模板制备纳米材料的典范[66]。

人们之所以选用聚缩氨酸作为模板，主要有两方面的考虑：缩氨酸能够在合适的体系中聚合成有效的一维纳米结构；缩氨酸上的氨基能结合各类基体，有利于纳米结构自组装的进行[67-71]。谢毅等人也利用有机聚合物为模板，制备了一维核/鞘纳米结构[72,73]、无机半导体/高分子电线[74]、CdS空球[75]和花生状纳米材料[76]等。

对于两头有配位基团的简单有机分子，由于它们的配位基团与纳米团簇表面金属离子的配位作用，也时常作为组装纳米团簇的模板剂。Brust[77]等人在二硫醇作为模板组装纳米团簇的研究上做了不少工作。

7. 生物大分子模板

我们还可以利用DNA分子或其片断为模板控制合成纳米材料[78,79]。由于此类模板的识别功能相当缜密，故而组装过程具有高度的选择性。而且对这类模板的研究将对发展DNA芯片生物信息技术甚至生命科学起到巨大的推动作用。

以上是几类比较常用的纳米材料制备模板，还有其他一些模板可用于合成纳米材料。例如：在尿素或硫脲等晶体中存在着截面为六角形的孔洞，它在一定方向上形成沟道，被称为晶道。利用晶道这种有机模板，Ⅱ—Ⅳ族一维纳米材料被合成出来[80]。

此外，需要着重指出的是：模板法与其他制备方法以及各类模板法之间并不是决定割裂开来的，人们往往通过几种方法的综合使用，制备出预先设想的纳米结构材料。例如 Ozin G. A. 领导的小组在类海藻小球的制备中，就先用磷酸和癸胺的四聚乙二醇溶液形成双层膜，然后在水热体系中以此为模板制备得到磷酸铝盐纳米微粒，随着反应的进行，平面模板在有机分子的作用下转换为介孔球壳，最终得到了类海藻小球[81]。

模板合成之所以备受推崇，关键在于合成体系中具有特殊的“模板效应”[82,83]，即：由于反应物及生成物（客体）与模板（主体）之间的协同作用（多以配位和分子间力的形式出现）而改变电子状态，并取得某种特定空间配置的效应。人们往往可以按照自己的意愿、构想来制备、选取模板，然后通过模板效应控制纳米材料的生长，从而实现产物的组成、结构、形貌、尺寸、排列、组装等可控。

模板根据其自身的结构特点和限域能力的不同可分为软模板和硬模板两类。硬模板主要是指一些具有相对刚性结构、含有有序多孔结构的模板，其“模板效应”相对较强。例如上文所述的有机聚合物膜、多孔 Al_2O_3 膜、多孔硅、分子筛和碳纳米管等。软模板则主要包括两亲分子形成的各种有序聚合物，如胶束、微乳、囊泡、L－B 膜、自组装薄膜、液晶等，以及有机分子的自组织结构和生物大分子等，其“模板效应”相对较弱。但软模板在制备纳米材料时有以下优点：① 由于软模板大多是两亲分子形成的有序聚集体，它们在模拟生物矿化方面有绝对的优势；② 软模板形态各异，可合成各类纳米材料，甚至构建极其复杂的纳米结构；③ 软模板一般都很容易构筑，不需要复杂的设备。比较而言，硬模板具有较高的稳定性和良好的空间限域作用，能严格的控制纳米材料的尺寸和形貌，但其结构比较单一，所能制备的纳米材料的形貌通常变化也较少。

1.2　无机纳米超结构材料的研究进展

在纳米材料发展初期，纳米材料是指纳米颗粒和它们构成的纳米薄膜与形貌简单的固体。从广义上讲，纳米材料是指在三维空间中至少有一维处在纳米尺寸范围，或由它们作为基本单元构成的材料。按照维度来分，纳米材料的基本单元可以分为：① 零维　指在空间三维尺度均在纳米尺寸，如纳米尺寸颗粒、原子团簇等；② 一维　指在空间上两维均处在纳米尺寸，如纳米线、纳米棒、纳米管等；③ 二维　指在空间上有一维处在纳米尺寸，如超薄膜、多层膜、超晶格等。由于这些单元往往具有量子性质，所以又将它们称为量子点、量子线和量子阱。

纳米材料发展的历史，大致可以分为三个阶段：第一阶段（1980—1990年）主要是在实验室探索用各种手段制备各种材料的纳米颗粒粉体，合成块体（包括薄膜），研究评估表征的方法，探索纳米材料不同于常规材料的特殊性能。20 世纪 80 年代中期以来，纳米材料所表现出来的特异化学、电学、磁学及光学性能使对纳米颗粒和块体的研究一度形成热潮，研究的对象一般局限在单一材料和单相材料，国际上通常把这类材料称为纳米晶或纳米相材料；第二阶段（1990—1994 年）人们关注的热点是如何运用已经发现的纳米材料奇特的物理、化学和力学性质设计纳米复合材料，国际上把这类材料称为复合材料。这一阶段纳米复合材料的合成及物性的探索一度成为纳米材料研究的主导方向。第三阶段（1994 年到现在）纳米组装体系、人工组装合成的纳米结构的材料越来越受到人们的关注，在这方面的研究也越来越深入和细致。

如果说第一阶段和第二阶段的研究在某种程度上带有一定的随机性，那么第三阶段研究的特点则强调按照人们的意愿进行设计、组装合成纳米材料的体系，更有目的地使这些体系具有人们所希望的特性。可以说探索和寻求新的合成纳米材料体系和合成方式将成为今后很长一段时间内的研究重点和热点。目前，已经有很多关于纳米粒子[84,85]、纳米棒[86,87]、纳米线[88,89]、纳米管[90-92]的报道，并且有些技术已经实现了产业化。随着产业界的不断发展，对纳米技术提出了更高的要求。由纳米点、线、棒、带、管等组装成复杂的结构，或者直接形成复杂形貌的纳米结构，由于这类材料在实现对纳米材料的调控以及纳米器件应用领域具有重要的作用[93-95]，而对于所合成的纳米材料的大小和形貌的调控已经成为该材料能够应用于催化、药物、电子、陶瓷、染料和化妆品等领域的一个关键因素[96]。

有关特殊形貌和尺寸材料的制备是纳米材料研究领域的热点之一，有关其合成方法也较多，相关实验室也进行了大量相关的研究工作。总结近年来该领域的研究，主要有以下几种方法：

1.2.1 水热合成法

水热法(Hydrothermal)是指在特制的密闭反应器(高压釜)中，采用水溶液作为反应体系，通过对反应体系加热，在反应体系中产生一个中温(100～600℃)、高压的环境而进行无机材料合成与制备的一种有效方法。在水热条件下，晶粒的形成是在非受迫状态下进行的，晶粒的生长习性得到充分的显露。随着晶粒尺寸的减小，晶粒之间出现聚集生长现象，取向连生和枝蔓晶是聚集生长的最常见的表现形式[97]。用该方法合成无机组装纳米材料，往往要向其中加入模板试剂，或者加入的某一种试剂即作为反应物，又作为模板剂。俞书宏等人利用该方法，在 35 ml 高压釜中加入 0.025 ml 的草酸锡和 0.030 mol 的硫，然后在高压釜中充满己二胺，维持

240℃的体系温度 8 小时后冷却，即获得了不同形貌的 SnS 盘状纳米晶体[98]。李亚栋带领的课题组利用该方法不仅合成了较多低维纳米材料，而且还合成了许多纳米超结构材料，如钛酸钾(钠)纳米带[99]、由纳米棒组装而成的树状 CdSe 纳米超结构[100]、由 ZnSe 纳米球组装成具有良好电磁性质的空心微球，如图 1-1(a)所示[101]。Komarneni S. 等人用谷胱甘肽(GSH)作为组装协同试剂和硫源，在微波—水热条件下，在 120℃温度下反应 1 h 后冷却到室温，获得了高度有序的雪花状的 Bi_2S_3 晶体，组成该纳米超结构的纳米棒平均直径仅 15 nm[102]。谢毅等人利用水热法合成出 γ-MoO_2 组装球，该球是由直径在 20～50 nm，最大长度可达 10 μm 的纳米线组装而成[103](见图 1-1(b))。

图 1-1　ZnSe 空心球的 SEM 图(a) γ-MoO_2 纳米线组装球的 SEM 图(b)

1.2.2　反相胶束或微乳液法

当水中的表面活性剂浓度达到临界胶束浓度(CMC)时，就会形成亲油基向外、亲水基向内并与水分子结合的聚集体，即胶束。胶束可分为水包油(O/W)、油包水(W/O)两种类型。反相胶束法是指在油包水(W/O)结构中，将反应物的水溶液增溶在胶束内部，即形成水核，利用水核的尺寸限制产物的生长，以达到人为控制产物尺度的目的。反相胶束法有以下特点：其一，反应的装置简单，反应条件温和；其次，由于胶束的稳定性高，得到的产物粒度均匀、不易发生团聚；最重要的是反相胶束法得到的产物粒度仅与水核半径有关，而水核半径可以通过表面活性剂种类、水油比等许多因素调节，因此，此法可以制备一系列尺寸的产物，具有横向比较性质差异的意义。在纳米材料合成中，助剂具有重要的作用，如抑制反应速度、改变表面活性、抑制晶型生长等作用。在形貌控制合成中，主要应用其对晶体生长的抑制作用。近年来，双亲水嵌段共聚物的功能型高分子(DHBC)，已经发展成为能够有效控制无机晶化过程的新型晶体生长的调控剂，这类高分子通常是由两个与无机表面有不同亲和作用的亲水链段构成，其中促溶链段主要起分散稳定作用，黏合链段则可选择性吸附于无机物的特定晶面上，从而达到控制无机粒子形貌的作用。目前在双亲水嵌段共聚物的水溶液中已经制备出了一系列具有特殊形貌的纳米材料。如 Helmut Cölfen 等人利用反相胶束法进行的 $BaCrO_4$ 纳米材料的制备中，在溶液中加入不同基团的双亲基共聚体(—COOH、—PO_3H_2、—SO_3H、—SH)可以生成短 X 形、长 X 形、杆状纳米簇，花状、椭圆状、球状纳米晶，纳米纤维，纳米纤维束等复杂形状的纳米材料[104]。齐利民等利用加入 AOT [丁(二(2-乙基己基)磺化琥珀酸钠盐)]形成的混合反向胶束体系成功合成出了直径仅为 3.5 nm 的 $BaWO_4$ 单晶纳米线组装而成长达 50 μm、宽度 2.5～4 μm 的羽毛状纳米超结构，如图 1-2 所示[105]。Stephen Mann 等人利用 AOT 形成

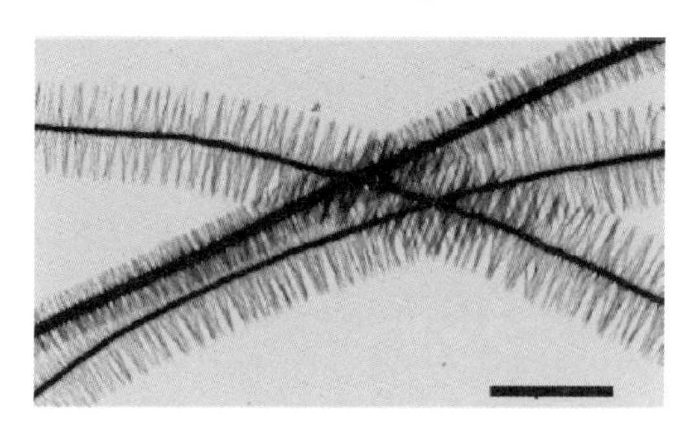

图 1-2 $BaWO_4$ 羽毛状纳米超结构的 TEM 图(标尺：5 μm)

的反相胶束合成出了缠绕的硫酸钡纳米纤维[106,107]。用反相胶束或微乳液法合成纳米组装材料，寻求合适的胶束模板试剂是制备合成无机纳米超结构材料的关键。

1.2.3　模板控制法

20 世纪 80 年代美国科罗拉多州立大学化学系 Manin 教授领导的研究组首创性地将模板法应用于纳米材料的合成，早在 1985 年 C. R. Martin 等在采用含有纳米微孔的聚碳酸酯过滤膜作为模板通过电化学聚合合成导电聚吡咯的基础上提出了纳米结构材料的模板合成方法，并利用此方法合成了一系列的纳米结构材料[108]，随后该方法得到了迅速发展。模板法制备纳米材料具有形貌、结构、尺寸、取向等可控的特点，根据自身性质及对产物限域能力的不同，模板法中的模板分为软模板和硬模板两种。近年来模板法制备特殊形貌的纳米材料引起了广泛的重视。模板法可预先根据合成材料的大小和形貌设计模板，基于模板的空间限制作用和模板剂的调控作用对合成材料的大小、形貌、结构、排布等进行控制。模板法具有上述的优点，在纳米组装材料上同样具有优势。

S. R. Sainkar 等人用相同的 $BaCl_2$ 溶液和 H_2SO_4 溶液，分别用硬脂酸膜（$CH_3(CH_2)_{16}COOH$）、牛胸腺 DNA、丙氨酸覆盖的金纳米粒作为模板，合成 $BaSO_4$ 纳米晶体。与溶液滴定法直接合成对照，他们发现，由于使用了模板使得得到的 $BaSO_4$ 纳米晶体形态各不相同，用硬脂酸膜作模板得到的产物为长 X 状，用牛胸腺 DNA 作模板得到了宽三维垂直十字状纳米晶，用丙氨酸覆盖的金纳米粒作为模板得到的产物形貌为星状，而直接滴定合成的 $BaSO_4$ 晶体为宽十字状，并在微米尺寸。模板的诱导效应在控制产物尺寸形貌的作用已明显地表现出来[109]。Stephen Mann 等人利用聚合物模板，成功实现了纳米粒子的定向组装[110]。如以有机晶体为模板，合成出了中空的 SiO_2 光纤维[111]。利用烟草病毒作为模板，获得了铂、金、银等多种金属纳米粒子有序组装体[112]。齐利民等利用三段共聚物 poly-(ethylene oxide)-poly(propylene oxide)-poly (ethylene oxide)为模板，合成出了 CdS[113]、ZnS 纳米空心球[114]。俞书宏所在的课题组利用 poly (sodium 4-styrenesulfonate) (PSS)为模板，调节溶液的 pH=5，室温下反应即获得了纳米棒组装而成的球状 $BaCO_3$ 纳米超结构(见图1－3)，该纳米超结构是由直径约 50 nm，长度约200 nm的纳米棒组装而成的直径约2～3.5 μm 的组装球体[115]。该课题组还利用聚合物为模板，合成出 $BaCrO_4$ 和 $BaSO_4$ 纤维状纳米超结构[116]。生物分子往往具有特殊的结构和超强的组装功能，在复杂结构材料的设计组装中具有其他方法无法比拟的优越性。

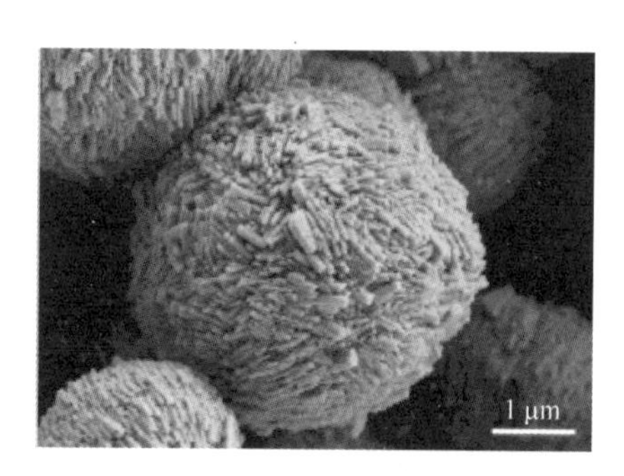

图 1－3　$BaCO_3$ 纳米超结构的 SEM 图

1.2.4　支撑液膜法

支撑液膜是一类含载体的有机溶液附着在多孔惰性的聚合膜的孔隙内而形成的人造液膜。它从化学模拟生物矿化的角度出发，进行选择性传输，通过膜体系与一些晶体生长抑制剂的协同作用控制无机晶体的矿化。本实验室利用支撑液膜法合成出硫化锌纳米球链、$Cu_{1.75}S$ 纳米晶[117]、硫化铅纳米晶以及碱土金属碳酸盐纳米球、棒等。并在控制碳酸钙的晶型与形貌研究过程中

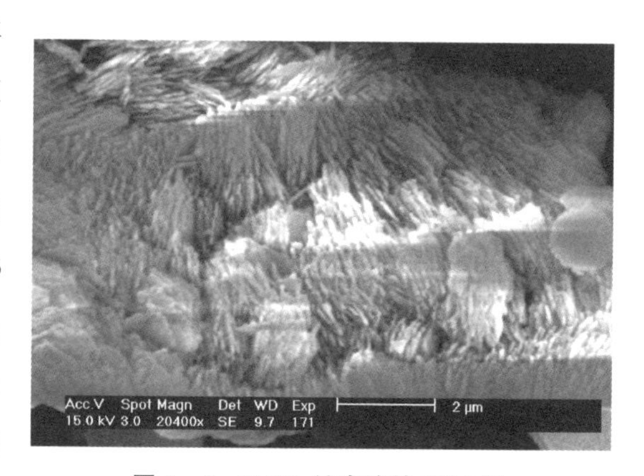

图 1－4　$CaCO_3$ 纳米阵的 SEM 图

发现热力学稳定的方解石向亚稳的球霰石转变的异常现象[118]，同时获得了罕见的多层纳米片组装阵列(见图 1 - 4)。

1.2.5　气相沉积法

化学气相沉积法(chemical vapor deposition，CVD)是近几十年发展起来的制备无机材料的新技术。该方法具有设备相对简单、操作方便、工艺重现性好等特点，在特殊形貌纳米材料制备领域也占有了相对重要的地位。该方法制备出的产物往往具有形貌统一、化学性质稳定等特点。近年来关于该种方法的研究报道较多，制备产物的形貌也极为独特，并且制备出的纳米产物具有热力学上的稳定性。

Li 等人利用电化学方法两步合成了 2H—MoS_2 纳米带[119]，即首先利用电化学的方法，以 Na_2MoO_4 为原料，在 pH 为 8 的微碱性条件下，在阶梯状石墨表面电化学沉积形成 MoO_2 纳米线，再在 800℃ 条件下，以 H_2S 为还原气体，反应 24 h，获得 2H—MoS_2 纳米带，其中的 H_2S 以轻微的力附着在表面。Z. L Wang 等人利用 CVD 法成功获得了多种特殊形貌的纳米超结构材料，如半导体 ZnO 纳米环(见图 1 - 5)、纳米弓[120]、纳米钉[121]等。

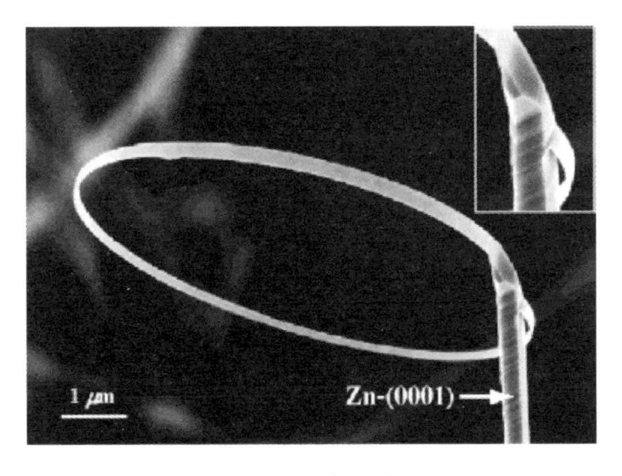

图 1 - 5　ZnO 纳米环的 SEM 图

1.2.6 仿生合成法

模仿生物矿化中无机物在有机物调制下形成过程的无机材料合成，称为仿生合成(biomimetic synthesis)，是近几年无机材料的仿生合成研究的前沿和热点，以其突出的效用、新奇的产物形貌越来越受到研究人员的重视。生物体内的生物矿化过程通常受到各种生物分子及其有序聚集体的精巧控制，从而生成形貌、大小及结构受到完好调控的、性能大大优于相应人工合成材料的各种无机材料。如本实验室首次利用模拟细胞膜传输的传输—模板—诱导机制，合成出了多种特殊形貌的纳米超结构材料，如铬酸钡、铬酸银纳米超结构等[122]，为仿生合成无机纳米超结构材料提供了一种新的思路。

1.2.7 展望

特殊形貌纳米材料的制备依然是今后一个时期材料研究领域的热点之一，虽然已经取得了一些阶段性的研究成果，但有些技术仍需要解决：① 如何实现纳米超结构的简单易行的人为调控方式；② 探索纳米超结构产业化的方法；③ 探索制备纳米超结构的规律，以利于根据实际的需要进行实验设计，合成出满足一定形貌、尺寸要求的纳米超结构材料；④ 探索纳米超结构材料的特殊性质，为其实际应用奠定基础。

1.3 纳米结构和纳米材料的应用

由于纳米微粒的小尺寸效应、表面效应、量子尺寸效应和界面效应等使得它们在磁、光、电等方面呈现出常规材料所不具备的特性。因此纳米

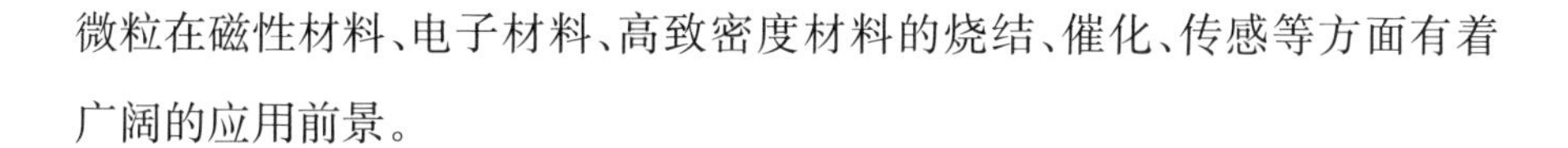

微粒在磁性材料、电子材料、高致密度材料的烧结、催化、传感等方面有着广阔的应用前景。

1.3.1　纳米结构的应用

1. 量子磁盘与高密度磁存储

1997 年，Minnesota[123]大学电子工程系纳米结构实验室采用电子束刻蚀印刷术制备了纳米结构的磁盘，其记录密度达到了 4×10^{11} bit/in^2。它是由直径为 10 nm，长度为 40 nm 的 Co 或 Ni 棒按周期为 40 nm 排列成阵列。这种磁性的纳米棒阵列实际上是一个量子棒阵列。它与传统磁盘磁性材料呈连续分布不同，纳米磁性单元是分离的，且只有两种分布状态，因而人们把这种磁盘称为量子磁盘。据科学家预计，这种量子磁盘会在不久的将来进入实用化阶段，美国商家已着手准备生产。

2. 高密度记忆存储元件

记忆存储元件的发展趋势是降低元件尺寸、提高存储密度，铁电材料特别是铁电薄膜是设计制造记忆元件的首选材料。1998 年在德国马普学会微结构物理研究所利用自组织生长技术在铁电膜上成功制备了纳米 Bi_2O_3有序平面阵列，记忆元件尺寸为 14 nm×14 nm，芯片的存密度为 1G bit/in^2。因此，纳米结构有序平面阵列体系为设计制造下一代超小型、高密度记忆元件提供了一条重要途径。

3. 单电子晶体管的用处

单电子晶体管的用途很多，它可以用来制作超高密度信息存储（单电子记忆）器、超敏电流计、近红外辐射接收器和直流标准器。此外，纳米结构还可应用于高效能量转化纳米结构、超微型纳米阵列激光器、光吸收的过滤器和调节器、微型传感器、纳米结构高效电容阵列、超高灵度电探测器和高密度点接线头、纳米结构离子分解器等方面。

1.3.2 纳米材料的应用

1. 磁性材料

当磁性颗粒尺寸进一步缩小时，在一定温度范围内将呈现类似于顺磁体的超顺磁性。20 世纪 60 年代末期，研制成功了磁性液体即磁流体。它具有固定的强磁性和液体的流动性，主要用于磁密封和磁扬声器。同时这一磁性材料的诞生为磁性材料增添了新的一族，也为 80 年代纳米微晶材料(纳米微晶软磁材料、纳米复合永磁材料)的问世铺平了道路。信息时代的迅猛发展要求人们开发出具有更高存储密度的存储材料和更小的功能器件，从而推动了人们更加深入地了解磁性磁料。在过去的十多年来，对于低维材料的深入研究给人们展示了磁性材料在信息存储技术和微型功能器件上极具魅力的应用前程。磁性纳米微粒由于尺寸小、具有单磁畴结构、矫顽力很高的特性，用它来制作磁记录材料可以大大提高记录密度、提高信噪比、改善图像质量。特别是 1988 年首先在 Fe/Cr 多层膜中发现巨磁阻效应，叩开了新兴的磁电子学大门，为纳米磁性材料的研制开拓了新领域[22]。1994 年 IBM 公司首次用巨磁电阻材料成功研制成磁阻效应读出磁头，将磁记录容量提高了 17 倍，达到了 5 Gb/in^2。最近的报道为 11 Gb/in^2，从而在光盘竞争中处于领先地位[124]。在磁致冷技术方面，新型纳米磁性材料的研究为开发具有增强磁热效应的低磁场制冷工质材料带来了极大的希望[24]。

磁性材料微粒除了上述应用外，还可以作快门、光调节器(改变外磁场控制透光量)、激光磁艾滋病毒检测器等仪表、抗癌药物磁性载体、细胞磁分离介质材料以及复印机墨粉材料等。

2. 光学应用

纳米微粒由于小尺寸效应使它具有常规材料不具备的光学性质。其非线性光学、光吸收、光反射、光传输过程中的能量损耗等都与纳米微粒的尺寸有很强的依赖关系。光纤在现代通信和光传输中占有极其重要的地位，纳米微粒作为光纤材料可以降低光导纤维的传输损耗，大大地改善光传导的特性[125]。利用纳米微粒膜材料的红外反射作用，人们用纳米 SiO_2 和 TiO_2 微粒制成了多层干涉膜，其总厚度为微米级。将此干涉膜衬在灯泡罩的内壁，结果不但透过率好，而且有很强的红外反射能力。此外，还发现纳米微粒具有紫外吸收特性。例如 Al_2O_3 粉体对 250 nm 以下的紫外线有很强的吸收能力，这一特性可用于日光灯管提高其使用寿命。

3. 催化应用

纳米微粒由于尺寸小，表面占较大的体积百分数，表面的键态和电子态与颗粒内部不同，表面原子配位不全等导致表面活性位置增加，这就使它具备了作为催化剂的基本条件。最近，关于纳米微粒表面形状研究指出：随着粒径的减小，表面光滑程度变差，形成了凹凸不平的原子台阶，大大增加了化学反应的接触面。有人预计超微粒子催化剂在 21 世纪将成为催化反应的主要角色。贵重金属纳米粒子作为催化剂已成功地应用到高分子聚合物的氢化反应上。例如纳米粒子铑在烃氢化反应中显示了极高的活性和良好的选择性。作为纳米管的新应用，在催化方面也取得了很大进展，获得了从前催化载体所缺少的反应选择性，极有可能开发出碳类新型载体[127]。

4. 生物与医学应用

纳米微粒的尺寸一般比生物体内的细胞、红血球小得多，这就为生物学研究提供了一个新的途径。即利用纳米微粒进行细胞分离、细胞染色及利用纳米微粒制成特殊药物或新型抗体进行局部治疗。磁性纳米颗粒作为药剂的载体，在外磁场的引导下集中于病患部位，有利于提高药效。采用纳米金属颗粒制成金属溶胶，接上抗原或抗体进行免疫学的间接凝集试验，用于快速诊断。尽管这方面的研究现在还处于初始阶段，却有广泛的应用前景。

5. 其他应用

除上述应用之外，纳米材料还有以下应用，如银粉、镍粉轻烧结体作为化学电池、燃料电池和光化学电池中的电极，可以增大与液体或气体之间的接触面积，增加电池效率，有利于电池的小型化。除此之外，纳米固体具有巨大的颗粒间界面，从而使纳米材料具有高韧性。这种纳米材料可用来制造纳米陶瓷，它可作为制造火箭喷口的耐高温材料，也可用于制造具有生物活性的人造牙齿、人造骨等一些人造器官。

1.4 课题切入点及开展思路

1.4.1 人工活性膜模板合成纳米材料

胶棉液的主要成分为硝酸纤维素酯，用其制备的半透膜上分布有大量的活性硝基，该种膜具有尺寸、厚度可控的优点。将该膜用于纳米材料的制备合成模板主要有以下几点考虑：

① 该膜具有半透性结构，能够对离子的传输起到调控的作用；

② 该膜上含有有机活性基团，能够在产物制备过程中起到模板作用；

③ 该膜具有其他模板所不具备的大小可控、厚度可调，且能够重复利用等优点；

④ 该模板既具有软模板的柔性，又具有硬模板的良好限域作用，是一类未见报道的软硬交界模板。

用具有上述特性的模板制备纳米材料，必将显示出很多其他模板无法比拟的优点和效果。

1.4.2 生物活性膜模板合成纳米超结构材料

仿生合成功能材料是材料研究领域的前沿和热点之一。自然界的生物膜也是多种多样的，而其中一些膜具有微孔结构，并能够对离子的传输起到控制或选择效用，同时具有生物活性，探索利用这类模板合成纳米材料具有重要的理论价值和实际意义。

本书选择具有生物活性并且廉价易得的生物膜(蛋膜)作为模板，通过简单模拟生物体环境，利用生物膜对离子传输的控制作用以及生物膜模板上活性基团的调控作用，来仿生合成不同形貌、尺寸的材料。

1.4.3　生物活性膜模板控制合成碱金属含氧酸盐晶体结构

本书还利用有机试剂对产物形貌的控制作用，采用添加不同性质的有机试剂，来控制产物的生成和结晶的成长，从而获得不同形貌、尺寸的产物。在选择试剂时，一方面要满足能够对蛋膜起到表面修饰作用，即含有氨基、羰基、羧基等基团，能够通过氢键等作用与蛋膜表面基团发生作用；同时自身又含有亲水和疏水基团，能够对晶体的生长起到诱导作用。

钨酸盐常用于蓝光材料，功能陶瓷等领域，钨酸钙又是夜明珠的主要成分，对该类材料的制备具有重要的研究价值。钨酸锶也是一种重要的钨激光敏材料，可用于光电池等诸多领域，对于这类材料的研究具有实际应用价值。

本书通过生物活性模板与有机试剂的协同作用，去制备不同形貌、尺寸的钨酸盐、铬酸盐材料，并对其性质进行研究。

1.4.4　纳米器件的探索研究

纳米材料的发展，是要实现纳米材料的器件化，为医疗、电子等工业领域做出贡献。本书也将尝试以合成出的原始材料为基础，开发纳米器件，以将科研水平迈向更高的水平。

参考文献

[1] 张立德. 纳米材料和纳米结构[M]. 科学出版社,2001.

[2] 严东生. 纳米材料的合成与制备[J]. 无机材料学报,1995(1): 1-6.

[3] 师昌绪. 跨世纪材料科学技术的若干热点问题[J]. 自然科学进展: 国家重点实验室通信,1999(1): 2-13.

[4] Whitesides G M, Mathias J P, Seto C T. Molecular self-assembly and nanochemistry: a chemical strategy for the synthesis of nanostructures[J]. Science, 1991, 254(5036): 1312-1319.

[5] Stupp S I, Lebonheur V V, Walker K, et al. Supramolecular Materials: Self-Organized Nanostructures[J]. Science, 1997, 276(5311): 384.

[6] Yang H, Coombs N, Ozin G A. Morphogenesis of shapes and surface patterns in mesoporous silica[J]. Nature, 1997, 386(6626): 692-695.

[7] Ball & Amp P, Garwin L. Science at the atomic scale[J]. Nature, 1992, 355 (6363): 761-764.

[8] Kawabata A, Kubo R. Electronic Properties of Fine Metallic Particles. II. Plasma Resonance Absorption[J]. Journal of the Physical Society of Japan, 1966, 21(9): 1765-1772.

[9] Rossetti R, Hull R, Gibson J M, et al. Excited electronic states and optical spectra of ZnS and CdS crystallites in the ≊15 to 50 Å size range: Evolution from molecular to bulk semiconducting properties[J]. Journal of Chemical Physics, 1985, 82(1): 552-559.

[10] Murray C B, Kagan C R, Bawendi M G. Self-Organization of CdSe Nanocrystallites into Three-Dimensional Quantum Dot Superlattices[J]. Science, 1995, 270(5240): 1335-1338.

[11] Cavicchi R E, Silsbee R H. Coulomb Suppression of Tunneling Rate from Small Metal Particles[J]. Physical Review Letters, 1984, 52(16): 1453-1456.

[12] Klabunde K J, Stark J, Koper O, et al. ChemInform Abstract: Nanocrystals as Stoichiometric Reagents with Unique Surface Chemistry[J]. Cheminform, 1996,

27(45).

[13] Chen Y C. A new method for quantum processes in fermionic heat baths[J]. Journal of Statistical Physics, 1987, 49(3-4): 811-826.

[14] Reed M A, Frensley W R, Matyi R J, et al. Realization of a three-terminal resonant tunneling device: The bipolar quantum resonant tunneling transistor [J]. Applied Physics Letters, 1989, 54(11): 1034-1036.

[15] Awschalom D D, Mccord M A, Grinstein G. Observation of macroscopic spin phenomena in nanometer-scale magnets[J]. Physical Review Letters, 1990, 65 (6): 783-786.

[16] Feldhein D L, Keating C D. Self-assembly of single electron transistors and related devices[J]. Chem. Soc. Rev., 1998, 27: 1.

[17] 李新勇,李树本. 纳米半导体研究进展[J]. 化学进展,1996,8(3): 231-239.

[18] Qin L C, Zhao X, Hirahara K, et al. Materials science: The smallest carbon nanotube[J]. Nature, 2000, 408(6808): 50.

[19] Lu L, Sui M L, Lu K. Superplastic extensibility of nanocrystalline copper at room temperature[J]. Bulletin of the Chinese Academy of Sciences, 2000, 287 (5457): 1463.

[20] Birringer R, Gleiter H, Klein H P, et al. Nanocrystalline materials an approach to a novel solid structure with gas-like disorder? [J]. Physics Letters A, 1984, 102(8): 365-369.

[21] Zhang L, Mo C, Wang T, et al. Structure and Bond Properties of Compacted and Heat-Treated Silicon Nitride Particles[M]//physica status solidi (a), 1993: 291-300.

[22] Yeh T S, Sacks M D. ChemInform Abstract: Low-Temperature Sintering of Aluminum Oxide[J]. Cheminform, 1988, 19(52).

[23] Mo C, Yuan Z, Zhang L, et al. Infrared absorption spectra of nano-alumina[J]. Nanostructured Materials, 1993, 2(1): 47-54.

[24] Herron N, Calabrese J C, Farneth W E, et al. Crystal Structure and Optical

Properties of $Cd_{32}S_{14}(SC_6H_5)_{36}$. DMF4, a Cluster with a 15 Angstrom CdS Core [J]. Science, 1993, 259(5100): 1426 - 1428.

[25] Kim P, Odom T W. Electronic Density of States of Atomically Resolved Single-Walled Carbon Nanotubes: Van Hove Singularities and End States[J]. Physical Review Letters, 1998, 82(6): 1225 - 1228.

[26] Wilder J W G, Venema L C, Rinzler A G, et al. Electronic structure of atomically resolved carbon nanotubes[J]. Nature, 1998, 391(6662).

[27] Qiu Z Q, Du Y W, Tang H, et al. A Mössbauer study of fine iron particles (invited)[J]. Journal of Applied Physics, 1988, 63(8): 4100 - 4104.

[28] Apai G, Hamilton J F, Stohr J, et al. Extended X-Ray—Absorption Fine Structure of Small Cu and Ni Clusters: Binding-Energy and Bond-Length Changes with Cluster Size [J]. Physical Review Letters, 1979, 43 (2): 165 - 169.

[29] 都有为,薛荣华,徐明祥,等. 镍正如细微颗粒的磁性[J]. 物理学报,1992,41(1): 149 - 154.

[30] Andrews L, Hassanzadeh P, And G D B, et al. Reactions of Nitric Oxide with Sulfur Species. Infrared Spectra and Density Functional Theory Calculations for SNO, SNO, SSNO, and SNNO in Solid Argon [J]. Journal of Physical Chemistry, 1996, 100(20): 8273 - 8279.

[31] Treacy M M J, Ebbesen T W, Gibson J M. Exceptionally high Young's modulus observed for individual carbon nanotubes [J]. Nature, 1996, 381 (6584): 678 - 680.

[32] Wong E W, Sheehan P E, Lieber C M. Nanobeam Mechanics: Elasticity, Strength, and Toughness of Nanorods and Nanotubes[J]. Science, 1997, 277 (5334): 1971 - 1975.

[33] Falvo M R, Clary G J, Nd T R, et al. Bending and buckling of carbon nanotubes under large strain[J]. Nature, 1997, 389(6651): 582 - 584.

[34] Falvo M R, Taylor Ii R M, Al E. Nanometre-scale rolling and sliding of carbon

nanotubes[J]. Nature, 1999, 397(6716): 236 - 238.
[35] Yanson A I, Bollinger G R, Brom H E V D, et al. Formation and manipulation of a metallic wire of single gold atoms[J]. Nature International Weekly Journal of Science, 1998, 395(6704): págs. 783 - 785.
[36] 朱建新,汪子丹,朱建新,等. 弹道区的电子输运[J]. 物理学进展,1997(3): 233 - 249.
[37] Abellán J, Chicón R, Arenas A. Properties of nanowires in air: Controlled values of conductance[J]. Surface Science, 1998, 418(3): 493 - 501.
[38] 严东生,冯瑞. 材料新星:纳米材料科学[M]. 湖南科学技术出版社,1997.
[39] Ozaki N, Ohno Y, Takeda S. Silicon nanowhiskers grown on a hydrogen-terminated silicon 111 surface[J]. Applied Physics Letters, 1998, 73(25): 3700 - 3702.
[40] Liu, Kai, Chien, C. L, Searson, P. C. Structural and magneto-transport properties of electrodeposited bismuth nanowires[J]. Applied Physics Letters, 1998, 73(15): 2222.
[41] 巩雄,杨宏秀. 纳米晶体材料研究进展[J]. 化学进展,1997,9(4): 349 - 360.
[42] Xiao T D, Strutt E R, Benaissa M, et al. Synthesis of high active-site density nanofibrous MnO_2-base materials with enhanced permeabilities [J]. Nanostructured Materials, 1998, 10(10): 1051 - 1061.
[43] 包建春,徐正. 纳米有序体系的模板合成及其应用[J]. 无机化学学报,2002,18(10): 965 - 975.
[44] 刘金库,吴庆生,丁亚平,等. 人工活性膜为模板控制合成硫化汞纳米晶[J]. 高等学校化学学报,2003,24(12): 2147 - 2150.
[45] 吴庆生,刘金库,丁亚平,等. 硫化镉准纳米圆球的人工活性膜法控制合成及其性能研究[J]. 化学学报,2003,61(11): 1824 - 1827.
[46] 刘金库,吴庆生,丁亚平. ZnS 准纳米棒的胶棉膜模板合成及其性能研究[J]. 无机化学学报,2003,19(12): 1322 - 1326.
[47] 刘金库,吴庆生,丁亚平. 人工活性膜模板制备铅钡铬酸盐纳米棒及其光学性能

[J]. 物理化学学报,2004,20(2): 221 - 224.

[48] Fendler J H. Membrane-Mimetic Approach to Advanced Materials[M]. Springer Berlin Heidelberg, 1994.

[49] 余海湖,赵愚. 纳米复合薄膜自组装技术[J]. 武汉理工大学学报(信息与管理工程版),2002,24(4): 137 - 141.

[50] Bell C M, Arendt M F, Gomez L, et al. Growth of lamellar Hofmann clathrate films by sequential ligand exchange reactions: assembling a coordination solid one layer at a time[J]. Journal of the American Chemical Society, 2002, 116(18): 8374 - 8375.

[51] Shimazaki Y, Mitsuishi M, Shinzaburo Ito A, et al. Preparation and Characterization of the Layer-by-Layer Deposited Ultrathin Film Based on the Charge-Transfer Interaction in Organic Solvents[J]. Langmuir, 1998, 14(14): 303 - 321.

[52] Tian Y, Wu C, Fendler J H. Fluorescence activation and surface-state reactions of size-quantized cadmium sulfide particles in Langmuir-Blodgett films[J]. J. phys. chem, 1994, 98(18): 4913 - 4918.

[53] Garnier F, Yassar A, Hajlaoui R, et al. Molecular engineering of organic semiconductors: design of self-assembly properties in conjugated thiophene oligomers[J]. Journal of the American Chemical Society, 1993, 115(19).

[54] Freeman R G, Grabar K C, Allison K J, et al. Self-Assembled Metal Colloid Monolayers: An Approach to SERS Substrates[J]. Science, 1995, 267(5204): 1629 - 1632.

[55] Lin W, Yitzchaik S, Lin W, et al. New Nonlinear Optical Materials: Expedient Topotactic Self-Assembly of Acentric Chromophoric Superlattices [J]. Angewandte Chemie International Edition, 1995, 34(13 - 14): 1497 - 1499.

[56] Thearith Ung, And L M, Paul Mulvaney. Optical Properties of Thin Films of Au@SiO_2 Particles[J]. Journal of Physical Chemistry B, 2001, 105(17): 3441 - 3452.

[57] Chen X, And M C, Gross R A. Synthesis and Characterization of [l]-Lactide-Ethylene Oxide Multiblock Copolymers[J]. Macromolecules, 1997, 30(15): 4295 - 4301.

[58] And J M L, Mccarthy T J. Poly(4-methyl-1-pentene)-Supported Polyelectrolyte Multilayer Films: Preparation and Gas Permeability1 [J]. Macromolecules, 1997, 30(6): 1752 - 1757.

[59] Korneta W, Lopez-Quintela M A, Fernandez-Novoa A. The nonlinear evolution of spatio-temporal structures in microemulsions [J]. Physica A Statistical Mechanics & Its Applications, 1992, 185(1 - 4): 116 - 120.

[60] 董桓，曹淑桂，沈家骢. 可生物降解高分子的酶法合成和改性[J]. 化学通报，1997(3): 8 - 14.

[61] Lianos P, Thomas J K. Small CdS particles in inverted micelles[J]. Journal of Colloid & Interface Science, 1987, 117(2): 505 - 512.

[62] Wu Q, Zheng N, Li Y, et al. Preparation of nanosized semiconductor CdS particles by emulsion liquid membrane with o-phenanthroline as mobile carrier [J]. Journal of Membrane Science, 2000, 172(1): 199 - 201.

[63] 沈兴海，高宏成. 纳米微粒的微乳液制备法[J]. 化学通报，1995(11): 6 - 9.

[64] 张岩，邹炳锁，李守田，等. 三氧化铬超微粒的制备与表征[J]. 高等学校化学学报，1992，13(4): 540 - 541.

[65] Hirai T, Shuichi Hariguchi A, Komasawa I, et al. Biomimetic Synthesis of Calcium Carbon-ate Particles in a Pseudovesicular Double Emulsion [J]. Langmuir, 1997, 13(25): 6650 - 6653.

[66] Czerw R, Terrones M, Charlier J, et al. Identification of Electron Donor States in N-Doped Carbon Nanotubes[J]. Nano Letters, 2001, 1(9): 457 - 460.

[67] And H M, Gologan B. Crystalline Glycylglycine Bolaamphiphile Tubules and Their pH-Sensitive Structural Transformation[J]. J. phys. chem. b, 2000, 104(15): 3383 - 3386.

[68] Kogiso M, Ohnishi S, Yase K, et al. Dicarboxylic Oligopeptide

Bolaamphiphiles: Proton-Triggered Self-Assembly of Microtubes with Loose Solid Surfaces[J]. Langmuir, 1998, 14(18): 4978 - 4986.

[69,70] Matsui, Douberly, G. E. Fabrication of Nanocrystal Tube Using Peptide Tubule as Template and Its Application as Signal-Enhancing Cuvette[J]. Journal of Physical Chemistry B, 2001, 105(9): 1683 - 1686.

[71] Matsui H, Gologan B, Pan S, et al. Controlled immobilization of peptide nanotube-templated metallic wires on Au surfaces[J]. The European Physical Journal D - Atomic, Molecular, Optical and Plasma Physics, 2001, 16(1): 403 - 406.

[72] Yan P, Xie Y, Qian Y, et al. A cluster growth route to quantum-confined CdS nanowires[J]. Chemical Communications, 1999, 86(14): 1293 - 1294.

[73] Yan P, Xie Y, Qian Y, et al. A cluster growth route to quantum-confined CdS nanowires[J]. Chemical Communications, 1999, 86(14): 1293 - 1294.

[74] Xie Y, Qiao Z, Chen M, et al. γ-Irradiation Route to Semiconductor/Polymer Nanocable Fabrication[J]. Advanced Materials, 1999, 11(18): 1512 - 1515.

[75] Huang J, Xie Y, Li B, et al. ChemInform Abstract: In situ Source—Template—Interface Reaction Route to Semiconductor CdS Submicrometer Hollow Spheres [J]. Cheminform, 2000, 31(33): no-no.

[76] Xie Y, Huang J, Li B, et al. A Novel Peanut-like Nanostructure of II - VI Semiconductor CdS and ZnS [J]. Advanced Materials, 2010, 12 (20): 1523 - 1526.

[77] Selvan S T, Nogami M. Novel Gold-polypyrrole Anisotropic Colloids: a TEM Investigation [J]. Journal of Materials Science Letters, 1998, 17 (16): 1385 - 1388.

[78] Mirkin C A, Letsinger R L, Mucic R C, et al. Mirkin, C. A. Letsinger, R. L. Mucic, R. C. & Storhoff, J. J. A DNA-based method for rationally assembling nanoparticle into macroscopic materials. Nature 382, 607 - 609[J]. Nature, 1996, 382(6592): 607 - 609.

[79] Alivisatos A P, Kai P J, Peng X, et al. Organization of 'nanocrystal molecules' using DNA[J]. Nature, 1996, 382(6592): 609.

[80] Taylor J R, And M M F, Nie S. Probing Specific Sequences on Single DNA Molecules with Bioconjugated Fluorescent Nanoparticles [J]. Analytical Chemistry, 2000, 72(9): 1979.

[81] Ahari H, Bowes C L, Jiang T, et al. Nanoporous tin(IV) chalcogenides: Flexible open-framework nanbmaterials for chemical sensing [J]. Advanced Materials, 1995, 7(4): 375 - 378.

[82] Thompson M C, Busch D H. Reactions of Coördinated Ligands. II. Nickel(II) Complexes of Some Novel Tetradentate Ligands[J]. Journal of the American Chemical Society, 1962, 84(9): 1762 - 1763.

[83] 赵雯,张秋禹,王结良,等.模板效应及其在材料制备中的应用[J].化工新型材料,2003,31(5): 20 - 23.

[84] Wang, Xun, Li, Yadong. Rare-Earth-Compound Nanowires, Nanotubes, and Fullerene-Like Nanoparticles: Synthesis, Characterization, and Properties[J]. Chemistry (Weinheim an der Bergstrasse, Germany), 2003, 9(22): 5627 -5635.

[85] Huang L, Wang Z, Sun J, et al. Fabrication of Ordered Porous Structures by Self-Assembly of Zeolite Nanocrystals[J]. Journal of the American Chemical Society, 2000,122(14): 3530 - 3531.

[86] Liu L, Wu Q, Ding Y, et al. Synthesis of HgSe quantum dots through templates controlling and gas-liquid transport with emulsion liquid membrane system[J]. Colloids & Surfaces A Physicochemical & Engineering Aspects, 2004, 240(1 - 3): 135 - 139.

[87] Zhaoping Liu, Zhaokang Hu, Jianbo Liang, et al. Size-Controlled Synthesis and Growth Mechanism of Monodisperse Tellurium Nanorods by a Surfactant-Assisted Method[J]. Lang-muir the Acs Journal of Surfaces & Colloids, 2004, 20(1): 214.

[88] Ye C, Meng G, Jiang Z, et al. Rational growth of Bi2S3 nanotubes from quasi-

two-dimensio-nal precursors[J]. Journal of the American Chemical Society, 2002, 124(51): 15180 - 15181.

[89] Xun Wang, Yadong Li. Rational synthesis of α - MnO_2 single-crystal nanorods [J]. Chemical Communications, 2002, 7(7): 764 - 765.

[90] Liu J K, Wu Q S, Ding Y P, et al. Biomimetic synthesis of $BaSO_4$ nanotubes using eggshell membrane as template[J]. Journal of Materials Research, 2011, 19(10): 2803 - 2806.

[91] Li Y, Wang J, Deng Z, et al. Bismuth nanotubes: a rational low-temperature synthetic route[J]. Journal of the American Chemical Society, 2001, 123(40): 9904 - 9905.

[92] Zhang Z L, Wu Q S, Ding Y P. Inducing synthesis of CdS nanotubes by PTFE template [J]. Inorganic Chemistry Communications, 2003, 6 (11): 1393 -1394.

[93] Zhou Y, Yu S H, Wang C Y, et al. ChemInform Abstract: A Novel Ultraviolet Irradiation Photoreduction Technique for the Preparation of Single-Crystal Ag Nanorods and Ag Dendrites[J]. Cheminform, 1999, 30(40): no-no.

[94] S A D, H M P, E L M, et al. Brittle Bacteria: A Biomimetic Approach to the Formation of Fibrous Composite Materials[J]. Chemistry of Materials, 1998, 10 (9): 2516 - 2524.

[95] Huang J, Kunitake T. Nano-precision replication of natural cellulosic substances by metal oxides[J]. Journal of the American Chemical Society, 2003, 125(39): 11834.

[96] Adair J H, Suvaci E. Morphological control of particles[J]. Current Opinion in Colloid & Interface Science, 2000, 5(1): 160 - 167.

[97] 李汶军,施尔畏,仲维卓,等. 水热条件下氧化物枝蔓晶的形成[J]. 人工晶体学报,1999(1): 54 - 57.

[98] Yu S, Antonietti M, Cölfen H, et al. Synthesis of Very Thin 1D and 2D $CdWO_4$ Nanoparticles with Improved Fluorescence Behavior by Polymer-Controlled Crystallization[J]. Angewandte Chemie, 2002, 41(13): 2356.

[99] Sun X, Chen X, Li Y. Large-Scale Synthesis of Sodium and Potassium Titanate Nanobelts[J]. Inorganic Chemistry, 2002, 41(20): 4996 - 4998.

[100] Peng Q, Dong Y, Deng Z, et al. Selective Synthesis and Magnetic Properties of α-MnSe and MnSe2 Uniform Microcrystals [J]. Cheminform, 2002, 33 (47): 15.

[101] Peng Q, Yajie Dong A, Li Y. Synthesis of Uniform CoTe and NiTe Semiconductor Nanocluster Wires through a Novel Coreduction Method[J]. Inorganic Chemistry, 2003, 42(7): 2174.

[102] Qingyi Lu, Gao F, Sridhar Komarneni A, et al. Ordered SBA - 15 Nanorod Arrays Inside a Porous Alumina Membrane [J]. Journal of the American Chemical Society, 2004, 126(28): 8650 - 8651.

[103] Changzheng Wu, Yi Xie, Dong Wang, et al. Selected-Control Hydrothermal Synthesis of γ - MnO_2 3D Nanostructures[J]. J. Phys. Chem: b, 2003(49): 13583 - 13587.

[104] Yu S, Antonietti M, Cölfen H, et al. Synthesis of Very Thin 1D and 2D $CdWO_4$ Nanoparti-cles with Improved Fluorescence Behavior by Polymer-Controlled Crystallization[J]. Angewandte Chemie, 2002, 41(13): 2356.

[105] Ma Y, Qi L, Ma J, et al. Large-pore mesoporous silica spheres: synthesis and application in HPLC[J]. Colloids & Surfaces A Physicochemical & Engineering Aspects, 2003, 229(1 - 3): 1 - 8.

[106] Archibald D D, Gaber B P, Hopwood J D, et al. Atomic force microscopy of synthetic barite microcrystals [J]. Journal of Crystal Growth, 1997, 172: 231 - 248.

[107] Mei Li, Mann S. Emergence of Morphological Complexity in $BaSO_4$ Fibers Synthesied in AOT Microemulsions[J]. Langmuir, 2000, 16(17): 7088 - 7094.

[108] Espenscheid M W, Ghatak-Roy A R, Moore R B, et al. Sensors from polymer modified electrodes[J]. Journal of the Chemical Society Faraday Transactions Physical Chemistry in Condensed Phases, 1986, 82(4): 1051 - 1070.

[109] Rautaray D, Kumar A, Reddy S, et al. Morphology of $BaSO_4$ Crystals Grown on Templates of Varying Dimensionality: The Case of Cysteine-Capped Gold Nanoparticles (0 - D), DNA (1 - D), and Lipid Bilayer Stacks (2 - D)[J]. Crystal Growth & Design, 2002, 2(3): 197 - 203.

[110] Davis S A, Michael Breulmann, Rhodes K H, et al. Template-Directed Assembly Using Nanoparticle Building Blocks: A Nanotectonic Approach to Organized Materials[J]. Chemistry of Materials, 2001, 13(10): 3218 - 3226.

[111] Miyaji F, Davis S A, Charmant J P H, et al. Organic Crystal Templating of Hollow Silica Fibers[J]. Chemistry of Materials, 1999, 11(11): 3021 - 3024.

[112] Erik D, Charlie P, Gerald S, et al. Organization of Metallic Nanoparticles Using Tobacco Mosaic Virus Templates[J]. Nano Letters, 2003, 3(3): 413 -417.

[113] Ma Y, Qi L, Ma J, et al. Synthesis of Submicrometer-Sized CdS Hollow Spheres in Aqueous Solutions of a Triblock Copolymer[J]. Langmuir, 2003, 19(21): 9079 - 9085.

[114] Ma Y, Qi L, Jiming Ma A, et al. Facile Synthesis of Hollow ZnS Nanospheres in Block Copolymer Solutions[J]. Langmuir, 2003, 19(9): 4040 - 4042.

[115] Shuhong Yu, Helmut Cölfen, Anwu Xu A, et al. Complex Spherical $BaCO_3$ Superstructures Self-Assembled by a Facile Mineralization Process under Control of Simple Polyelectrolytes[J]. Crystal Growth & Design, 2004, 4(1): 33 - 37.

[116] Shuhong Yu, Antonietti M, Helmut Cölfen A, et al. Growth and Self-Assembly of $BaCrO_4$ and $BaSO_4$ Nanofibers toward Hierarchical and Repetitive Superstructures by Polymer-Controlled Mineralization Reactions[J]. Nano Letters, 2003, 3(3): 379 - 382.

[117] 孙冬梅,吴庆生,丁亚平. 支撑液膜法制备 Cu_7S_4 纳米晶[J]. 无机材料学报, 2004,19(3): 487 - 491.

[118] Qingsheng Wu, Dongmei Sun, Huajie Liu A, et al. Abnormal Polymorph

Conversion of Calcium Carbonate and Nano-Self-Assembly of Vaterite by a Supported Liquid Membrane System[J]. Crystal Growth & Design, 2004, 4(4): 717 - 720.

[119] Li Q, Newberg J T, Walter E C, et al. Polycrystalline Molybdenum Disulfide (2H - MoS2) Nano- and Microribbons by Electrochemical/Chemical Synthesis [J]. Nano Letters, 2004, 4(2): 277 - 281.

[120] Hughes W L, Wang Z L. Formation of piezoelectric single-crystal nanorings and nano-bows[J]. Journal of the American Chemical Society, 2004, 126(21): 6703.

[121] Gao Pu X, L. Wang Z. Substrate Atomic-Termination-Induced Anisotropic Growth of ZnO Nanowires/Nanorods by the VLS Process[J]. J. phys. chem. b, 2004, 108(23): 7534 - 7537.

[122] Liu L, Wu Q, Ding Y, et al. Biomimetic Synthesis of Ag_2CrO_4 Quasi-Nanorods and Nanowires by Emulsion Liquid Membranes [J]. Australian Journal of Chemistry, 2004, 57(3): 219 - 222.

[123] Chou S Y. Patterned magnetic nanostructures and quantized magnetic disks[J]. Proceedings of the IEEE, 1997, 85(4): 652 - 671.

[124] Klein D L, Roth R, Lim A K L, et al. A single-electron transistor made from a cadmium selenide nanocrystal[J]. Nature, 1997, 389(6652): 699 - 701.

[125] 邵元智,熊正烨. 纳米超顺磁体的磁热熵效应[J]. 中国科学, 1996(6): 529 - 535.

[126] Uyeda R. Studies of ultrafine particles in Japan: Crystallography. Methods of preparation and technological applications[J]. Progress in Materials Science, 1991, 35(1): 1 - 96.

[127] 解思深,王超英,徐丽雯,等. 利用介孔材料制备碳纳米管的形貌、结构和 Raman 散射研究[J]. 中国科学,1997(7): 630 - 635.

第2章 人工活性膜模板控制合成低维纳米材料

2.1 引　　言

铜族硫化物不仅是良好的半导体材料，而且具有可见光吸收、主红外区透过、光致发光、大的三阶非线性极化率和快的三阶非线性响应速度等光学特性，在新型光控器件、光催化、光电极等领域备受青睐。尤其当其尺寸接近或小于激子玻尔半径时，纳米微粒中电子与表面声子的共振强度、电子的带内迁移、带间跃迁以及电子的热运动等光物理、光化学性质均与半导体材料不同。实现硫化银、硫化铜材料尺寸的纳米化，是增强其氧化还原能力、优化光电催化活性的重要途径，是纳米微粒三阶非线性响应的主要来源，是发挥其光学性能的重要阶段[1]。如在实现尺寸纳米化的同时还具有较规则的圆球形貌，就可用在机械润滑等领域，那将会大大提高产品的效能和使用寿命。目前虽已有较多关于铜、银金属硫化物纳米材料制备的报道[2-4]，但有的方法存在着制备条件相对复杂、所用试剂不普遍等问题，因此，探索合成工艺简单，产物尺寸均匀且原料易得的 Ag_2S、CuS 纳米球的制备方法，具有重要的实际意义。

Ⅱ—Ⅵ族半导体纳米材料由于在电子、生物、涂料、制药等行业具有广阔的应用前景而引起人们的广泛关注[5-9]。其中,硫化汞纳米材料以其突出的光电性能而备受青睐。但是,鉴于汞(Ⅱ)的毒性,使得纳米硫化汞相对于硫化锌和硫化镉来说研究得较少。目前,纳米硫化汞的制备方法主要有超声合成法[10]、水热合成法[11]等[12]。硫化镉可用于发光二极管、荧光探针、传感器、光催化剂、光电子器件等不同方面,在光、电、催化、生物、通信等领域中有巨大的应用潜能。硫化镉材料的性能常常受到形貌、结构、纯度等因素的影响。对于规则的圆球状材料来说,由于具有良好的摩擦性能,在机械润滑中能够使滑动摩擦转化为滚动摩擦,因而可降低部件之间的损耗,提高产品的效能和使用寿命[13]。通常,有机高分子纳米圆球较容易获得,而无机非金属纳米圆球却难以制备。因此,合成与制备外形光滑且呈圆球形的纳米材料是一项具有挑战性的研究课题。有关 CdS 纳米材料制备方法的报道很多,如水热—溶剂热法[14]、SBA - 15 模板法[15]、电化学法[16]、X 线辐照法[17]、仿生合成法[18]等,但目前尚未见到利用胶棉人工活性膜模板制备纳米硫化镉的文献报道,更未见到有人合成出规整光滑的硫化镉(准)纳米实心圆球。

一维纳米材料的研究是开发纳米器件的基础,是探索新型材料、构建纳米光电功能器件的重要阶段。硫化锌是Ⅱ—Ⅵ族半导体材料,禁带宽度达 368 $kJ \cdot mol^{-1}$,具有压电、热电性质以及良好的发光性能[19]。虽然已有大量关于硫化锌纳米材料制备的报道[20,21],但有关纳米棒(线)的却不多,且有的方法需要催化剂或较高温度等复杂条件。因此,探索简便易行的硫化锌纳米棒(线)合成与制备方法具有重要的科学价值和实际意义。铬酸铅、铬酸钡是传统的无机颜料和湿敏电阻材料,可应用于光电池、传感器等。纳米量级铬酸盐的制备是开发其纳米器件的基础,是优化光、电等性能的有效途径之一。目前,有关铬酸铅、铬酸钡纳米材料制备的报道不多[22-25],尚未见有铬酸铅纳米棒的报道。

近年来,纳米材料的模板合成法[26-32]以其较好的控制作用及制备工艺简单等特点，越来越受到科研工作者的重视。本章利用具有络合活性的胶棉人工活性膜作传质控制介质和颗粒控制模板，成功制备出近球形的硫化汞纳米晶。该方法操作简单、粒径易控、活性膜能循环使用，为纳米材料的控制合成提供了新的途径。模板法制备纳米材料具有形貌、结构、尺寸、取向等可控的特点，因而受到科技工作者的广泛关注[33-38]。根据自身性质及对产物限域能力的不同，模板法中的模板分为软模板和硬模板两种。本章运用具有配位活性的胶棉人工膜探索出一类新型的纳米材料制备模板—软硬交界型模板。这类模板既具有软模板的形状可变、容易构筑等特性，又具有硬模板的稳定性好、控制作用强等优点。胶棉模板主要成分为三硝基纤维酯，其上分布有大量的活性硝基和孔道，对产物具有模板控制作用。本书首次利用胶棉人工活性膜软硬交界模板，成功制备出了铜族、锌族硫化物零维半导体纳米材料，并通过与乙二胺的协同作用和仿生合成机制，成功制备出了硫化锌准一维半导体纳米材料和具有湿敏性能和良好光学性能的一维铅钡铬酸盐纳米材料。

另外，本章还将探索利用胶棉液去制备有机—无机纳米复合材料。硫化铅是一种重要的半导体发光材料。纳米 PbS 晶体由于具有窄带隙(0.41 eV)和大的波尔激子半径，容易观察到强的量子限域效应[39]，可用于量子器件、单电子器件[40]，其特异的三阶非线性光学性质、光限幅特性，使其在非线性光学器件中展示潜在的应用前景，在光信息存储及光通信快速开关器件、放射性探测器的元件材料等方面有着极其广泛的应用[41]。有机—无机纳米复合膜在催化、分离、膜反应过程等领域具有广泛的应用前景[42-48]，因此，关于其制备一直是纳米材料研究的热点。目前已见报道的有酞菁铅和酞菁氧钒层状纳米复合膜[49]、InP/SiO_2 纳米膜[50]、磷钨酸/磺化聚醚醚酮质子导电复合膜[51]等。但尚未见有关于硫化铅纳米复合膜的报道，更未见有复合膜上具有纳米孔道的报道。

2.2　(准)零维金属硫化物纳米材料的控制合成

2.2.1　铜族硫化物纳米材料的控制合成及其机理探讨

1. 实验部分

(1) 试剂和仪器

$Hg(NO_3)_2$(AR 级,上海化学试剂二厂),$ZnSO_4 \cdot 7H_2O$ (A. R.),$Pb(NO_3)_2$ (AR),$AgNO_3$ (A. R.),$CdCl_2$ (A. R.),$BaCl_2$ (A. R. 级),$Pb(NO_3)_2$(A. R. 级),K_2CrO_4 (A. R. 级),$CuSO_4 \cdot 5H_2O$ (A. R.)胶棉液(CP 级,上海烫金材料厂),$Na_2S \cdot 9H_2O$ (AR 级,上海南汇县宣裕化工厂),乙二胺(AR 级,上海化学试剂二厂),上海标准模具厂 6511 型电动搅拌机,日立H-800型透射电子显微镜(TEM),Philips Pw1700 型 X 射线粉末衍射仪,310 型原子吸收分光光度计(上海分析仪器厂),Philips XL-30E 扫描电子显微镜(SEM),Thermo Nicolet Nexus 傅里叶变换红外光谱仪,Agilent 8453 型紫外—可见光分光光度计(UV-Vis)和 Varian Cary Eclipse 荧光仪。

取表面平整光滑的玻璃片浸没于胶棉液中,重复提拉两次,自然干燥,得厚度均匀的人工活性膜(厚度约 0.2 mm)备用。另外,可以根据厚度需要,选择提拉的次数。

(2) 实验方法

取 0.10 mol/L $AgNO_3$溶液 40 ml 和 0.10 mol/L Na_2S 溶液 20 ml,分置于隔膜组装装置的两侧,整个体系置于背光处,室温下反应 24 h 后,分别取人工活性膜两侧分散体系进行离心分离,弃去澄清液,所得产物依次用丙酮、去离子水、乙醇洗涤后合并,即得 Ag_2S 纳米球。

在制备 CuS 纳米球时，除将 40 ml 0.10 mol/L $AgNO_3$溶液换成 20 ml 0.10 mol/L $CuSO_4$溶液外，其他均与 Ag_2S 纳米球的制备过程相同。

2. 结果与讨论

形貌与结构

透射电子显微镜（TEM）观察结果显示，两种产物均为形貌较规则的纳米球，具有良好的分散性和较单一的尺寸分布，硫化银纳米球的平均粒径约为 28 nm（见图 2-1(a)），硫化铜纳米球的平均粒径约为 20 nm（见图 2-1(b)）。两种纳米球的粒径尺寸均达到了纳米量级，这是优化其光学性能的关键。由于产物具有较规则的圆球形貌，还可用在机械润滑等领域。两种产物电子衍射花样均为较清晰的多重环（见图 2-1 中的插图），说明 Ag_2S、CuS 纳米球为多晶结构。

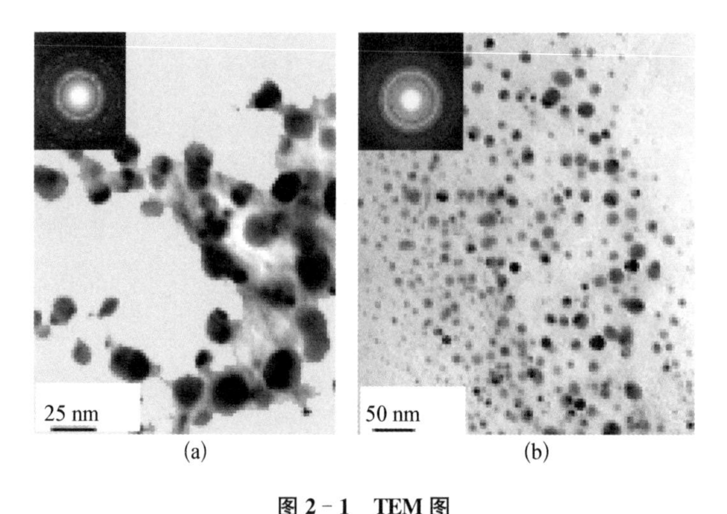

图 2-1　TEM 图

(a) Ag_2S 纳米球；(b) CuS 纳米球

图 2-2 为产物的 X 射线粉末衍射图谱，两种产物的衍射峰均出现了一定程度的宽化现象，这是由于粒径尺寸很小，已经达到了纳米量级。产物衍射峰指标化如图 2-2 所示，硫化银纳米球属于单斜多晶结构（见图 2-2A），晶胞参数 a_0 为 0.423 0 nm，b_0 为 0.692 9 nm，c_0 为 0.952 4 nm，β 为

125.45°，与 Ag_2S 的 JC－PDS 卡（No：14－072）相一致；硫化铜纳米球属于六方多晶结构（见图 2－2*B*），晶胞参数 a_0 为 0.379 5 nm，c_0 为1.636 0 nm，与 CuS 的 JC－PDS 卡（No：60－464）相一致。根据 Debye-Scherrer 公式估算，硫化银的粒径约为 30 nm，硫化铜的粒径约为 20 nm，与 TEM 的观察结果基本一致。

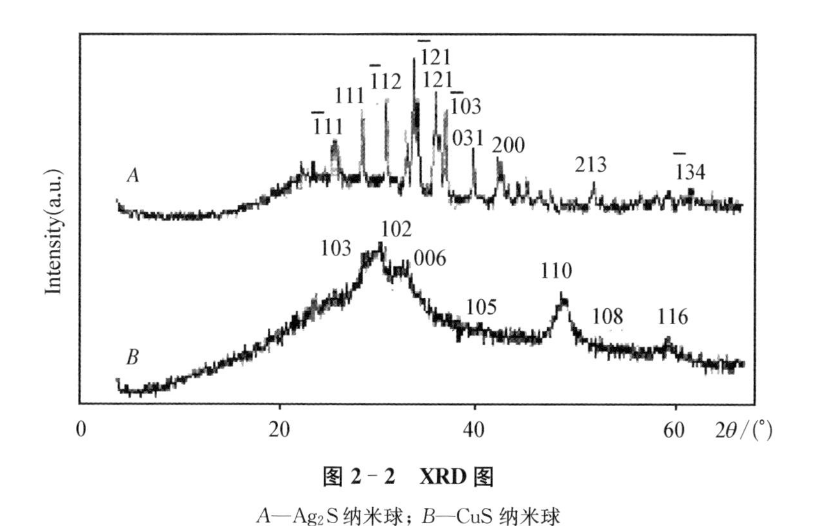

图 2－2 XRD 图

A—Ag_2S 纳米球；*B*—CuS 纳米球

3. 条件选择

(1) 浓度

分别选取参加反应的两种溶液浓度均为 0.025 mol/L、0.05 mol/L、0.10 mol/L、0.20 mol/L 进行试验，结果发现反应速度随浓度的增加而增大，但当两种反应溶液浓度超过 0.10 mol/L 时，往往使得模板孔道阻塞，为实现合成效率的最大化，本节选择 Na_2S 和 $AgNO_3$（$CuSO_4$）溶液浓度均为 0.10 mol/L。

(2) 膜的厚度

胶棉模板的孔径随厚度的增加而减小，试验发现，人工活性膜的厚度对产物粒径的影响不大，说明产物粒径不仅取决于模板孔径的大小，同时还受膜上活性基团等其他因素影响；模板的机械强度随厚度增加而有所增大，但膜厚度增加的同时，有效孔道的分布密度也在减小，影响合成效率。考虑膜的机械强度、合成效率及原料的节约，本节选择活性膜的厚度约为0.2 mm。

图 2-3 Ag_2S 的 TEM 图（72 h）

(3) 反应时间

选择反应时间为 0.5 h，12 h，24 h，48 h，72 h 进行试验，结果表明，反应时间过短，反应进行不充分，产物结晶度不好，往往得不到较规则的球形产物；而反应时间过长，则容易造成产物团聚（见图2-3为 Ag_2S 反应时间为 72 h 的 TEM 图，产物已有明显团聚）和模板破裂。制备时间可选择12～48 h，为了得到结晶度好且形貌较规则的产物纳米球，本节选择的反应时间 24 h。

(4) 合成机理探讨

人工活性膜的主要成分为三硝基纤维酯，从模板的红外光谱图（见图2-4 A）可知，其上分布有大量的活性硝基—NO_2（1 600 cm^{-1}、1 300 cm^{-1}、800 cm^{-1}处吸收谱带分别对应—NO_2的反对称伸缩振动、对称伸缩振动和弯曲振动）。推测其机理可能为，首先，人工活性膜上的活性硝基（—NO_2）与溶液中的 Ag^+ 离子发生作用，并很快实现络合平衡。然后，生成的络离子受到 S^{2-} 离子的进攻，进行原位反应，生成 Ag_2S，多个 Ag_2S 聚集形成晶核。接着，晶核开始长大。由于晶核生长受到膜表面三硝基纤维酯表面张力的影响以及表面基团对不同晶面的不同吸附作用，使晶体表面趋于最小化，最后形成较规则的纳米球，脱离孔道。此时又有新的 Ag^+ 离子与人工活性膜上的硝基（—NO_2）络合，重复上述过程，不断得到新的产物。CuS 与 Ag_2S 均为Ⅰ—Ⅵ族化合物，制备条件相同，推测两种纳米球应具有相似的合成机理。

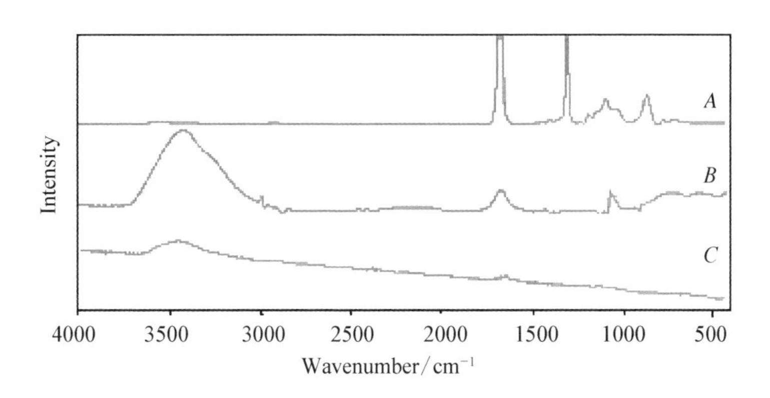

图 2－4　活性膜的红外图

A—活性膜；*B*—Ag_2S 纳米球；*C*—CuS 纳米球

4. 光学性能

(1) 红外光学透过性能

由红外吸收光谱图分析可知(见图 2－4 *B*、2－14 *C*)，样品除了在 3 420 cm^{-1}处由于吸水而出现羟基峰外，在 400～4 000 cm^{-1}范围内基本没有吸收，即在整个主红外区域内具有很好的光学透过性能。在红外谱图中没有 Ag—O、Cu—O 的拉伸振动峰，说明样品未被氧化，稳定性较好。利用产物的红外透过性及良好的稳定性，可以用于红外窗口等。

(2) 荧光发光性能

两种产物都具有良好的光致发光性能。图 2－5(a)为 Ag_2S 纳米球的荧光光谱图，当激发波长为 375 nm 时，发射出波长分别为 484 nm、511 nm 的绿光。图 2－5(b)为 CuS 纳米球的荧光光谱图，当激发波长为 383 nm 时，发射出波长分别为 485 nm、524 nm 的绿光。

(3) 紫外—可见光吸收性能

从产物的紫外—可见光谱图(见图 2－6)可知，产物的紫外—可见光吸收明显不同于体相材料(体相材料由两种反应溶液直接混合沉积而成，处理方法与产物纳米球相同)。Ag_2S 体相材料在紫外—可见区域无吸收

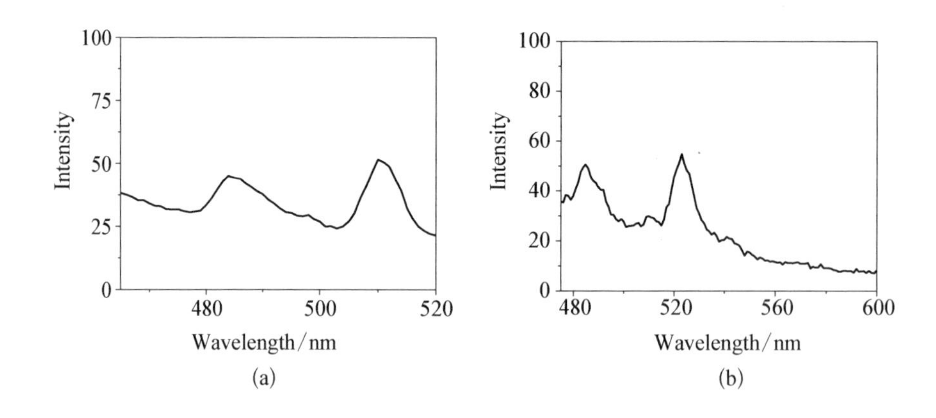

图 2-5 荧光光谱图

(a) Ag_2S (激发波长 375 nm);(b) CuS (激发波长 383 nm)

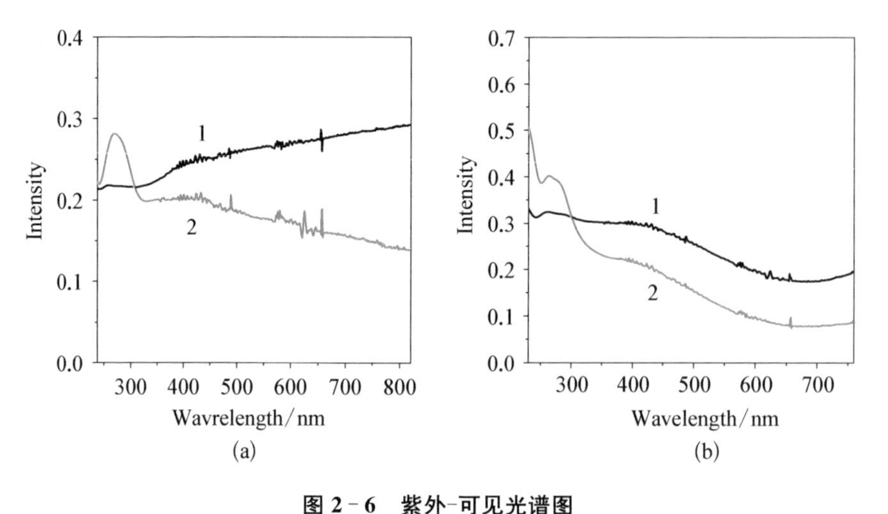

图 2-6 紫外-可见光谱图

(a) Ag_2S 纳米球;(b) CuS 纳米球(图中 1 是体相材料,2 是产品)

(见图 2-6(a)1),而 Ag_2S 纳米球却在 268 nm 紫外区处出现一体相材料所不具有的强吸收带(见图 2-6(a)2)。CuS 纳米球的紫外—可见吸收变化情况与之相近,体相材料在紫外—可见区域无吸收(见图 2-6(b)1),CuS 纳米球却在264 nm 紫外区处出现一体相材料所不具有的强吸收带(见图 2-6(b)2)。硫化银、硫化铜纳米球相对于体相材料均出现"蓝移",这可能是由于量子尺寸效应导致能带间隙的加宽。另外,由于硫化银、硫化铜纳米球界面大量空位、夹杂等缺陷的存在，形成了高浓度的色心，以至于有新的吸收带产生。产物具有的这一明显区别于体相材料的光学性质，使其在紫外过滤器、光催化、特殊光器件研制等领域具有重要的科学研究价值。

本节利用胶棉活性模板，在简单的隔膜组装装置中，一步高效地合成了具有良好光学性能的银、铜硫化物半导体纳米球。该方法的制备体系容易构建，无需特殊条件和复杂设备，且原料易得，为纳米光学材料和纳米润滑材料的制备提供了一种新的简易途径。如将工艺加以完善，将两种具有良好光学性能的纳米球嵌在活性膜上，制成纳米复合薄膜，还将在光催化领域发挥重要作用。

2.2.2　硫化汞纳米晶的控制合成及其光学性能研究

1. 实验方法

取 0.1 mol/L 的 $Hg(NO_3)_2$ 溶液 20 ml 和 0.1 mol/L 的 Na_2S 溶液 20 ml，分置于人工活性膜的两侧，室温下反应 48 h 后，取人工活性膜两侧分散体系离心分离，弃去澄清液，产物依次用丙酮、去离子水、乙醇洗涤；取下人工活性膜，用去离子水冲洗下附着的产物，再依次用丙酮、去离子水、乙醇洗涤，然后将得到的所有产物合并，即得到 HgS 纳米晶。

将得到的 HgS 纳米晶用透射电子显微镜（TEM）进行形貌观察和电子衍射分析，用 X 射线粉末衍射仪进行结构分析。在产物制备过程中，每隔一段时间用微量注射器取 $Hg(NO_3)_2$ 溶液 0.01 ml，稀释 100 倍，利用原子吸收分光光度计测定 Hg^{2+} 离子浓度。

取制备好的人工活性膜，将其切成相同的三部分，其中一部分直接进行红外光谱分析，另一部分用 0.1 mol/L 的 $Hg(NO_3)_2$ 溶液浸泡 24 h 后再进行红外光谱分析，剩下一部分用于 HgS 纳米晶的制备，反应过程中再将其取下，进行红外光谱分析。

取未用过的和制备过程中的人工活性膜，利用扫描电子显微镜进行表面形貌观察。

2. 结果和讨论

(1) 形貌与结构

利用透射电子显微镜观察产物形貌(见图 2-7)为类球形粒子，粒子边缘清晰，分散性较好，其平均尺寸为 33 nm；TEM 电子衍射得到清晰的衍射环(见图 2-8)，证明生成的 HgS 纳米晶是多晶产物，从里到外依次对应立方晶系的(110)晶面、(220)晶面和(311)晶面。

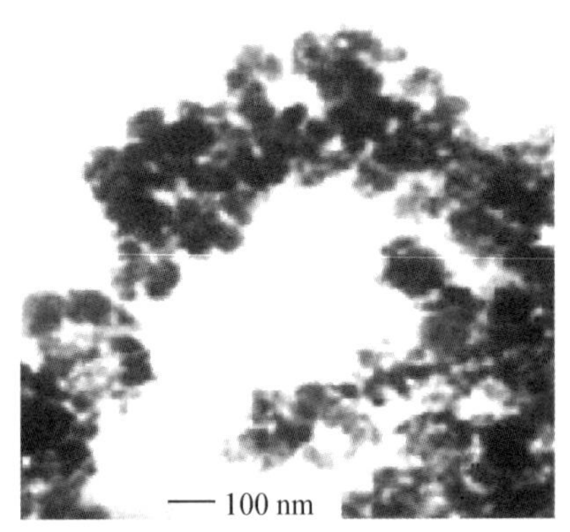

图 2-7　HgS 纳米晶体的 TEM 图

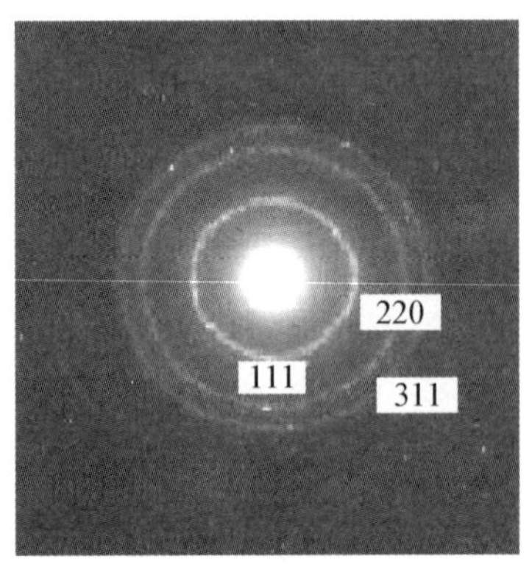

图 2-8　HgS 纳米晶体的电子衍射图

从 X 线粉末衍射图(见图 2-9)分析可知，该产物具有较好结晶度。谱图中无杂峰出现，说明其纯度较高。产物为立方晶系硫化汞，晶格常数 $a=0.585\ 16$ nm，与 JC-PDS 卡片值($a=0.585\ 17$，No：6-261)符合得很好。根据谢乐公式计算，产物的粒径为 32 nm，与 TEM 观察结果基本一致。

(2) 条件选择

分别采用两种反应溶液浓度均为 0.05 mol/L、0.1 mol/L、0.15 mol/L 进行实验，发现反应物浓度对产物的生成有一定的影响，当浓度过大时，由

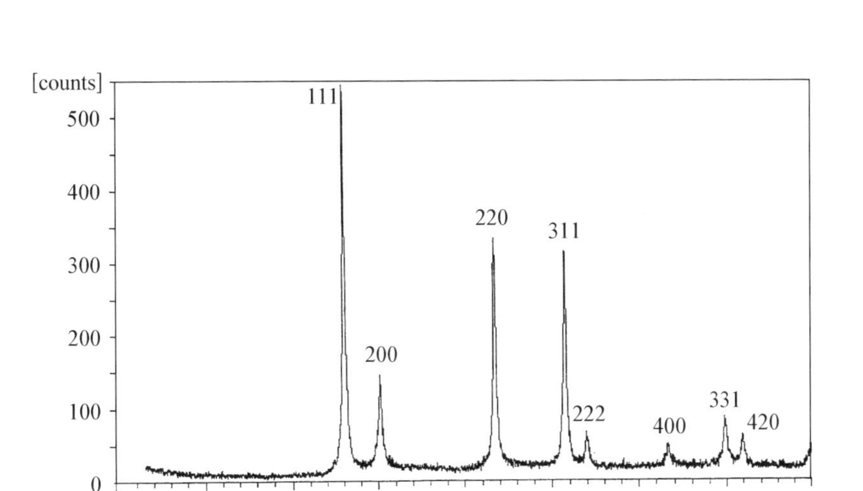

图 2-9　HgS 纳米晶体的 XRD 图

于生成的 HgS 晶核的量较多，孔道中生成的产物来不及脱落，容易造成人工活性膜上孔道堵塞，影响反应的进一步进行；浓度过小，又影响合成的速度，因此本节选用反应物浓度为 0.1 mol/L 进行制备。通过检测 Hg^{2+} 离子浓度发现，反应完成需要 2 d 左右的时间；人工活性膜的厚度对产物粒径略有影响，厚度增大，人工活性膜上的有效孔径略有变小，粒径尺寸也有所减小，但差别不明显。

(3) 合成机理探讨

人工活性膜上的极性基团与 Hg^{2+} 离子形成配位键后，其化学环境变化造成红外光谱诸如峰移、出现新峰、原有峰减弱或加强等变化，因此，用红外光谱能够对 HgS 的合成机理起到一定的支持作用。实验得到的新鲜人工活性膜的红外谱图(如图 2-10 中谱线 A 所示)中，与氧相连的极性基团硝基($—O—NO_2$)分别在 1 600 cm^{-1}($—NO_2$ 反对称伸缩振动)、1 300 cm^{-1}($—NO_2$对称伸缩振动)和 800 cm^{-1}($—NO_2$变形振动)处有特征吸收，且吸收峰较尖锐；在含 Hg^{2+} 离子的溶液中浸泡过后，其吸收峰明显变宽和加强（如图 2－10 中谱线 *B* 所示），说明硝基（—NO_2）已经发生变化。硫化汞纳米材料制备过程中取下人工活性膜的红外谱图（如图 2－10 中谱线 *C* 所示），与浸泡过的人工活性膜红外谱图基本一致，说明反应过程中一直存在发生了变化的硝基（—NO_2）。

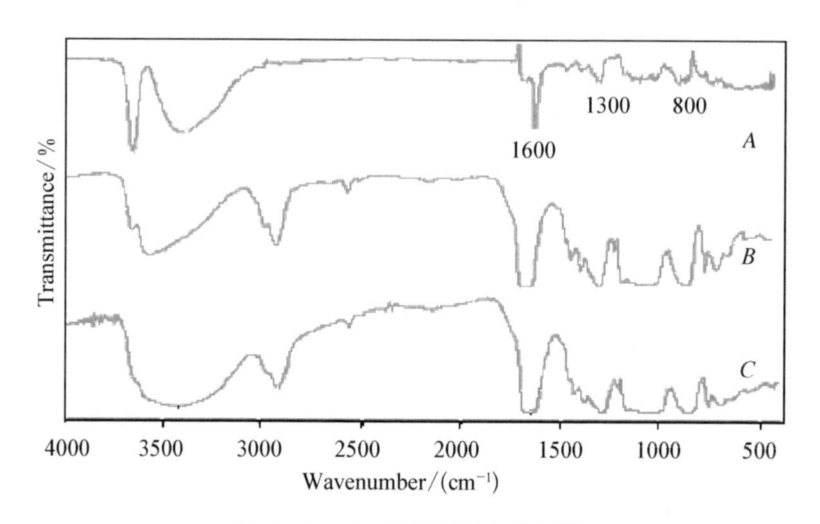

图 2－10　人工活性膜的红外图谱

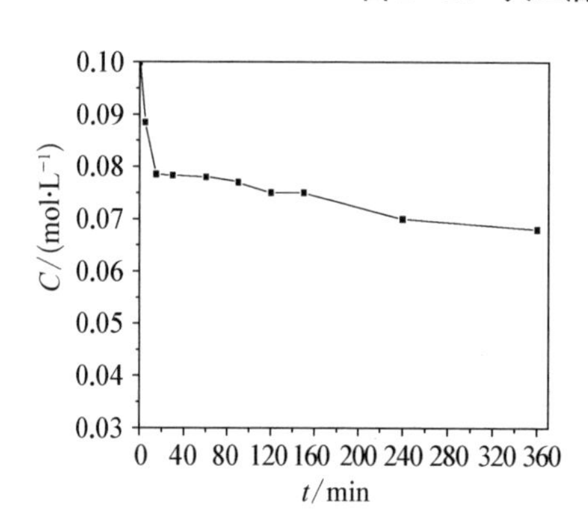

图 2－11　Hg^{2+} 的浓度-时间 *t* 关系曲线

通过原子吸收分光光度计测定得到的吸光度数值，根据朗伯-比耳定律换算成对应反应溶液的浓度，制作出 Hg^{2+} 离子浓度—反应时间曲线图（见图 2－11）。通过溶液中 Hg^{2+} 离子浓度变化与时间的关系曲线可以看出，浓度在起始阶段降低得很快，然后在一段时间内出现相对“平台”，即浓度变化很小，“平台”过后浓度再继续降低。图 2－12 为活性膜表面 SEM 图，其上分布有孔径在 60～120 nm 左右的孔道。图 2－13 为带有产物的活性膜表面 SEM 图，从图中可以看出，有少量产物疏松地附着在膜表面，这可能是产物从膜上脱落的中间过程。

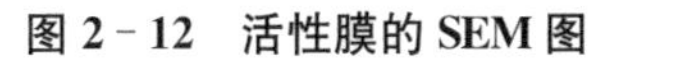
图 2-12　活性膜的 SEM 图

图 2-13　带有产物的活性膜的 SEM 图

由此，推测其机理可能是：

① 首先是人工活性膜上的硝基(—NO_2)与溶液中的 Hg^{2+} 离子迅速络合，并达到饱和，由于硝基(—NO_2)所处的化学环境发生变化，造成红外特征吸收峰的加强和宽化。人工活性膜上络合的 Hg^{2+} 离子数量较多，被络合的 Hg^{2+} 离子与进入孔道的 S^{2-} 离子发生反应，生成 HgS 晶核，同时也使溶液中的 Hg^{2+} 离子浓度在一段时间内出现“平台”。晶核在人工活性膜模板的作用下生长，最后形成纳米晶，并不断从孔道脱落下来，又有新的 Hg^{2+} 与人工活性膜上的硝基(—NO_2)络合，再继续与 S^{2-} 离子反应生成 HgS，使反应持续进行下去，直到反应结束。另外，两边离子都有向另外一侧迁移的趋势，可能为 HgS 纳米粒子脱离人工活性膜提供动力；

② 人工活性膜的主要成分是三硝基纤维酯(分子式为 $C_6H_7O_2(ONO_2)_3$)。三硝基纤维酯是大分子物质，具有很大的表面张力。生成的晶核附着在人工活性膜的表面，在膜面三硝基纤维酯高分子表面张力的作用下，使其表面积趋于最小化，最终形成近球形结构；

③ 实验表明，在活性膜的两侧都有硫化汞纳米晶生成，并且生成的量

基本相同，这说明产物从人工活性膜上脱落是随机的。

（4）光学性能

图 2－14 为产物的紫外—可见吸收光谱和荧光发射光谱。由图 2－14(a)可见，产物在 440 nm 处出现最大吸收峰，相对于体材料的 620 nm 有明显的“蓝移”，体现出显著的量子尺寸效应。在图 2－14(b)中($EX=254$ nm)，产物在 420 nm 紫光区和 610 nm 橙光区出现两个较强的发射峰，表现出良好的荧光发光性能。

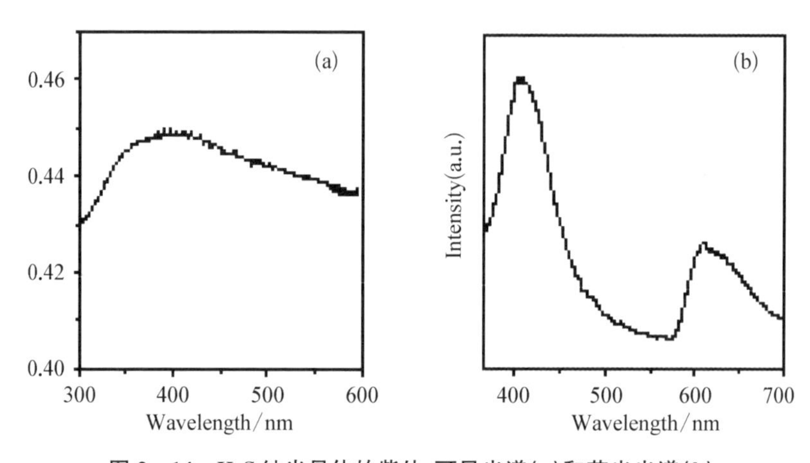

图 2－14　HgS 纳米晶体的紫外-可见光谱(a)和荧光光谱(b)

2.2.3　硫化镉准纳米圆球的控制合成及形成机理探讨

1. 实验方法

取 0.1 mol/L $CdCl_2$ 溶液和 0.1 mol/L Na_2S 溶液各 20 ml，分置于人工活性膜的两侧，构成隔膜组装体系，室温下反应 4 天，取人工活性膜两侧分散体系分别进行离心分离，将沉淀物依次用去离子水、丙酮、乙醇洗涤；取下人工活性膜，用去离子水冲洗下附着的产物，同上进行洗涤，将所得产物合并，即得 CdS 准纳米圆球。

产物的形貌用 TEM(操作电压 200 kV)进行观察，产物的结构用 XRD

($Cu\ K_{\alpha}$)进行表征，产物的光学性质用 UV - Vis 和 PL 进行研究。在制备过程中，用微量注射器每隔一段时间取 $CdCl_2$ 反应液 10 μl，稀释后用原子吸收分光光度计测定 Cd^{2+} 离子浓度，进行动力学分析。

2. 结果和讨论

(1) 形貌与结构

透射电子显微镜观察的结果显示，产物为规则的准纳米圆球（见图 2 - 15），粒径范围在 80～280 nm，平均粒径为 170 nm。这些圆球外观完整，边界清晰，分散性较好。由于影响无机非金属晶体生长的因素很多，所以要想仅仅通过控制温度、陈化时间等条件得到规则球形晶体往往是比较困难的。本节用模板合成法较容易地达到了这一目的，这对于其他无机非金属（准）纳米圆球的制备也具有一定的指导意义。

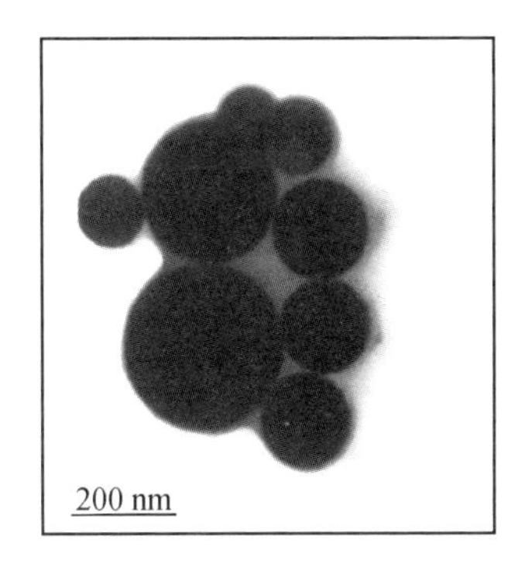

图 2 - 15　CdS 准纳米圆球的 TEM 图

从图 2 - 16 的 X 线粉末衍射谱可看出，谱图中无杂峰出现，说明产物纯度较高。由于粒径较小且晶化程度一般，使衍射峰出现明显宽化。三个主要衍射峰依次对应立方闪锌矿结构 CdS 的(111)、(220)和(311)晶面，晶格常数 $a = 0.5818$ nm，与 JC - PDS 卡（No：10 - 454）相一致。

(2) 条件选择

分别用浓度各为 0.2 mol/L，0.1 mol/L，0.05 mol/L，0.025 mol/L 的 $CdCl_2$ 和 Na_2S 溶液进行试验，结果发现，浓度过大时，反应速度过快，容易造成模板孔道堵塞，影响反应的进行；而当浓度过小时，合成速度较慢，影响工作效率，本节选择 $CdCl_2$ 和 Na_2S 浓度均为 0.1 mol/L。胶棉人工活性膜上的有效孔径随厚度增加而有所减小，但其表面层孔径变化不大。试验表明，随着膜厚度的增加产物的粒径无显著变化，厚度增加一倍，粒径减小

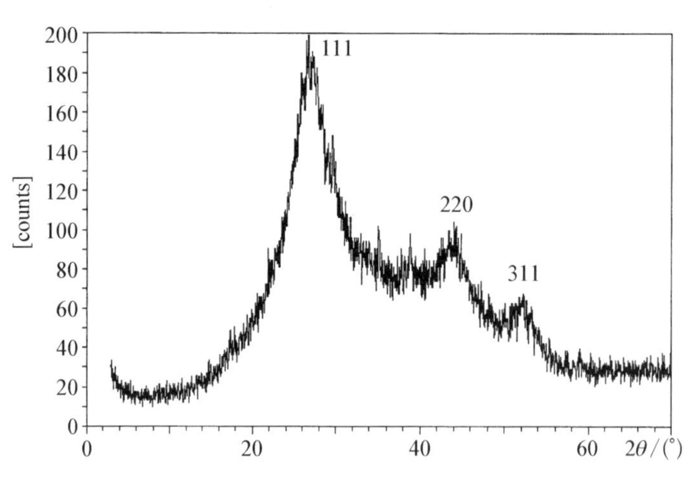

图 2-16　CdS 准纳米圆球的 XRD 图

不到 5 nm,且仍在 80～280 nm 范围,说明影响粒径的因素较为复杂。综合考虑膜的机械强度及原料成本等因素,本节选择人工活性膜厚度为约 0.2 mm,孔径在 60～120 nm 之间。试验发现,若反应时间太短,其球形结构生长不完整;若反应时间太长,活性膜会破裂,考虑形貌完整及结晶度等因素,本节选择反应时间为 4 天。在选择反应时间时,还需要考虑反应体系所处的温度这一重要的因素。

(3) 合成机理探讨

人工活性膜的主要成分为胶棉,膜上分布着大量的活性硝基(—NO_2)。通过原子吸收测定 Cd^{2+} 的结果(见表 2-1)可知,在反应起始阶段,Cd^{2+} 离子浓度降低得很快,在 60s 后出现 Cd^{2+} 浓度的相对"平台",Cd^{2+} 浓度缓慢减小。这可能是 Cd^{2+} 离子与模板上的活性硝基(—NO_2)发生配位,并迅速达到饱和的结果。Cd^{2+} 和 S^{2-} 离子均有向另外一侧扩散的趋势,这为反应的进行提供动力;但由于受到模板的控制作用,所有欲穿过膜的阴阳离子(S^{2-} 和 Cd^{2+})都将在孔道中或孔道口两侧相遇(部分 Cd^{2+} 被—NO_2 牵制),在强大结合力的驱动下,S^{2-} 和 Cd^{2+} 互被对方所捕获形成 CdS。因此，在某种离子反应完之前，另一种异性离子是难以穿过胶棉膜而进入对方溶液本体的。综合有关实验和理论，我们认为 CdS 准纳米圆球的合成机理可能如表 2－1 所示。

表 2－1　反应中 Cd^{2+} 离子浓度与反应时间的关系

t/s	0	5	30	60	300	600	900	1 200	1 500	1 800
Cd^{2+}(mol/L)	0.100	0.095	0.089	0.080	0.075	0.074	0.073	0.072	0.070	0.067

首先，人工活性膜上的活性硝基（NO_2）与溶液中的 Cd^{2+} 离子发生配位，并很快达到配位平衡。然后，生成的配离子受到 S^{2-} 离子的进攻，进行原位反应，生成 CdS 晶核。接着，晶核开始长大。此时由于表面基团对不同晶面的吸附作用不同，加上膜孔道口和膜面胶棉的表面张力影响，使晶体表面趋于最小化，导致晶体生长向球形发展；同时由于模板的控制作用，使实际参与反应的物质浓度较小，晶体在低饱和度下生长（CdS 的溶解度为 6×10^{-15} mol/L），晶体显露的面族较少，容易得到球形结构[52]。随着晶体的不断生长，重力作用增强，模板作用弱化，最后，产物脱离孔道，得到硫化镉准纳米圆球。此时又有新的 Cd^{2+} 离子与人工活性膜上的硝基（—NO_2）配位，重复上述过程，不断得到新的产物。

（4）光学性质

图 2－17 为产物 CdS 准纳米球的荧光光谱，当激发光的波长为 390 nm 时，在 480 nm 处出现宽的蓝光发射峰，可能为激子发光；在 535 nm 附近有尖锐的黄绿光发射峰，可能为缺陷发光。硫化镉准纳米球的荧光发射强度较大，保留了半导体纳米材料的发光特性。体相硫化镉的能带间隙为 2.42 eV，其紫外—可见光谱最大吸收波长在 515 nm；而硫化镉准纳米圆球的最大吸收波长出现在 475 nm 处（见图 2－18），“蓝移”了约 40 nm，这可以归结为硫化镉准纳米球的量子尺寸效应导致能带间隙的加宽。另外，吸收

峰还出现了较大的宽化现象，这是材料尺寸纳米化的特征，也可能有粒径分布较宽、晶格畸变程度不一致等因素的影响。

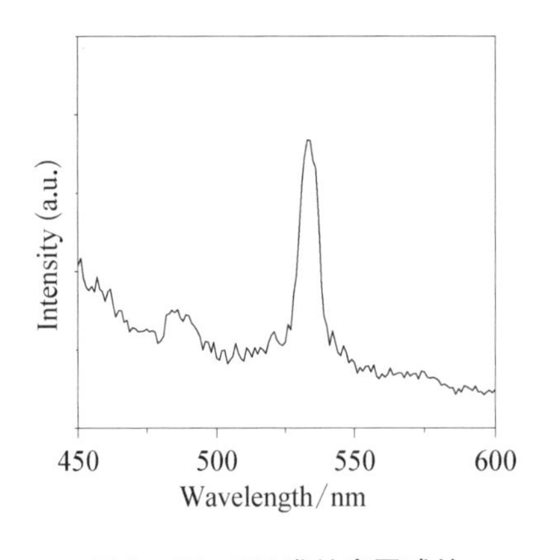

图 2-17　CdS 准纳米圆球的荧光光谱

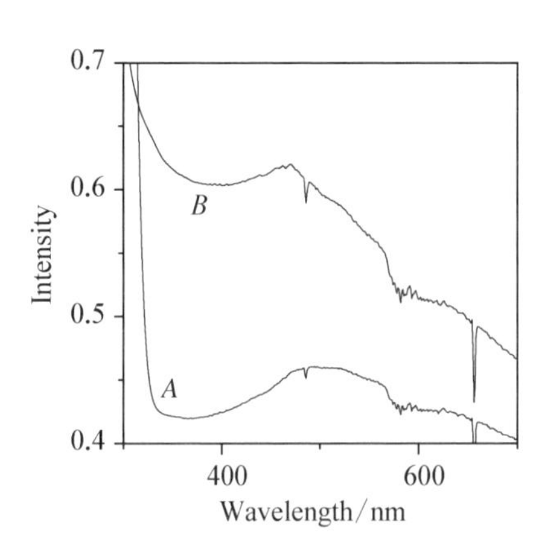

图 2-18　CdS 的紫外-可见光光谱

（A 是体相材料；B 是准纳米圆球）

2.3　(准)一维纳米材料的合成研究

2.3.1　半导体硫化锌准纳米棒的设计合成

1. 实验方法

取 0.1 mol/L $ZnSO_4$ 溶液 20 ml（其中加入 0.3 ml 无水乙二胺）和 0.1 mol/L Na_2S 溶液 20 ml，分置于隔膜组装装置的两侧，室温下反应 4 天后，取人工活性膜两侧分散体系分别进行离心分离，弃去澄清液，依次用丙酮、去离子水、乙醇洗涤后合并，即得产物。

2. 结果与讨论

(1) 形貌与结构

透射电子显微镜（TEM）观察结果显示（见图 2-19），产物为表面光滑、粗细均匀的准纳米棒，直径范围在 200～500 nm，平均长径比为 35。实验得到的部分产物长度可达 14 μm，长径比达 50，这种长度大、长径比高的准纳米棒在纳米器件领域具有广阔的应用前景。

图 2－20 为产物 XRD 图谱，衍射峰从左到右依次对应(002)、(110)、(103)、(112)晶面，对应 ZnS 的六方纤锌矿多晶结构(JC－PDS 卡 No：79－2204)。产物的 XRD 图谱同标准图谱相比，除各衍射峰均出现明显的宽化外，(002)晶面衍射明显增强，以至于标准图谱的(100)最强峰在该体系中变为次强峰。这些现象可能是由于产物尺寸较小及晶体的取向生长造成的。

图 2－19　ZnS 准纳米棒的 TEM 图

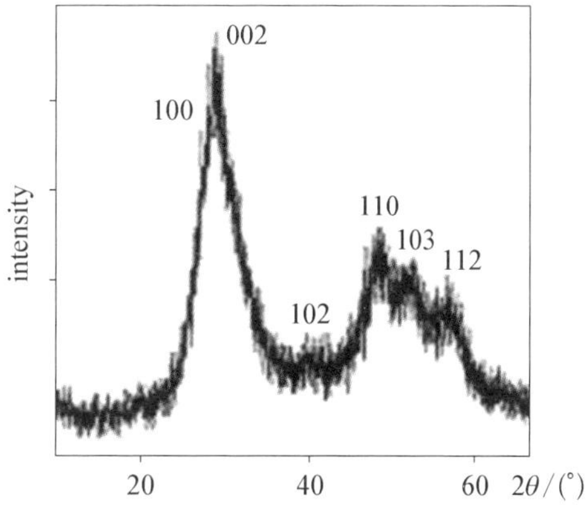

图 2－20　ZnS 准纳米棒的 XRD 图

(2) 条件选择

浓度，分别取不同浓度的 $ZnSO_4$ 溶液和 Na_2S 溶液进行试验，发现浓度越大，反应速度越快，但当溶液浓度超过 0.10 mol・L^{-1}时，往往造成模板孔道的阻塞，影响反应进行，而当溶液浓度过小时，合成速度慢，影响效率，因此，本节选择 $ZnSO_4$ 溶液和 Na_2S 溶液浓度均为 0.10 mol・L^{-1}。

模板剂，反应溶液中不加入乙二胺时(反应 2 天)，产物形貌近球形(见图 2－21)，电子衍射花样(图 2－21 中的插图)为清晰的多重环，指标化的结果表明产物为立方闪锌矿多晶结构，X 射线粉末衍射图谱三强峰依次对应(111)、(220)、(311)晶面(见图 2-22),与电子衍射分析结果一致;当溶液中加入乙二胺时,产物为棒状形貌(见图 2-19),说明乙二胺对于实现晶体的取向生长、得到棒状结构起到非常重要的作用;然而若不使用人工活性膜,只加入乙二胺,同样得不到硫化锌准纳米棒,说明硫化锌准纳米棒的获得是人工活性膜与乙二胺协同作用的结果。另外,要控制好乙二胺的加入量。如果量太少,达不到成棒效果,如果量过多,则得到短棒产物。本研究选择乙二胺在 Zn^{2+} 溶液中的浓度为 1.5%(*V*/*V*)。

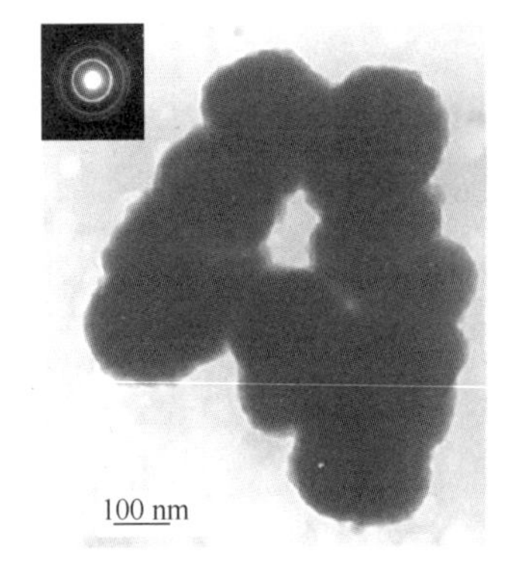

图 2-21　ZnS 准纳米球的 TEM 图

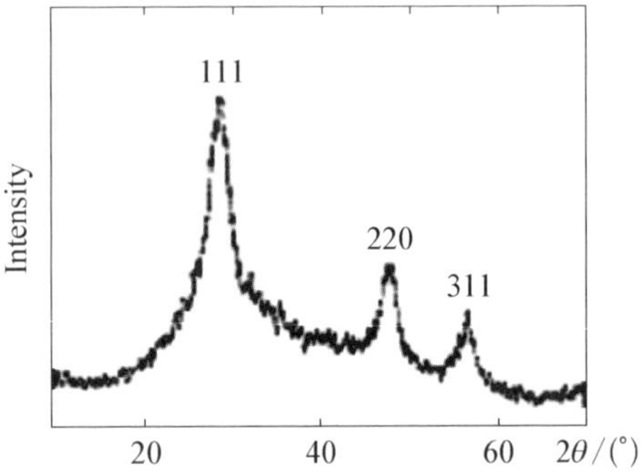

图 2-22　ZnS 准纳米球的 XRD 图

膜的厚度,人工活性膜上的有效孔径随厚度增加而有所减小,试验发现,人工活性膜的厚度对产物直径的影响不大,说明产物直径并非仅取决于模板孔径的大小,还要受膜表面活性基团等因素影响,考虑到膜的机械强度及原料的节省,本节选择的人工活性膜厚度约为 0.2 mm。

(3) 光学性质

图 2-23 为产物的荧光发射光谱图,当激发光波长为 365 nm 时,产物在 574 nm 处有黄光发射峰,保留了半导体材料的荧光发光特性。图 2-24 为产物的紫外-可见光谱图,常规材料的最大吸收峰应在 350 nm 处,而产物却在 308 nm 处产生最大吸收,“蓝移”了 42 nm。计算此时的能带间隙约为 400 kJ · mol^{-1},这是由于产物达到了纳米量级,量子尺寸效应导致能带间隙

的加宽所致。另外,吸收峰还出现了较明显的宽化现象,这是材料尺寸纳米化的特征,也可能有产物尺寸分布较宽、晶格畸变程度不一致等因素的影响。

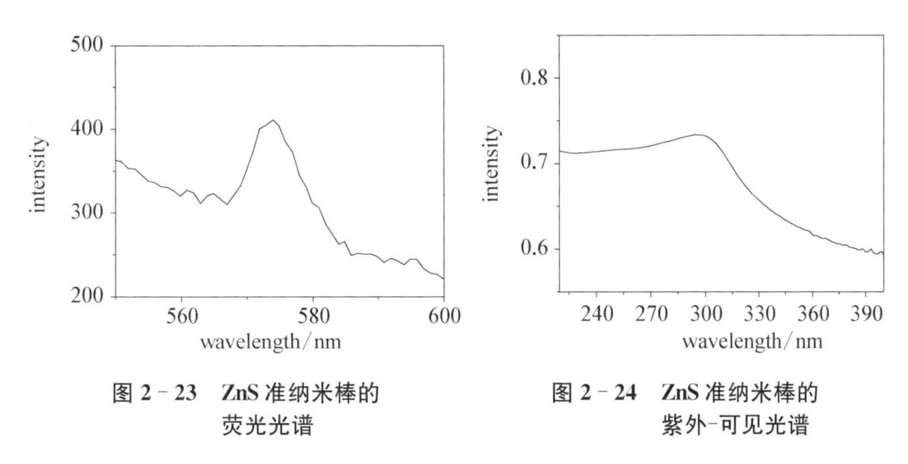

图 2-23　ZnS 准纳米棒的荧光光谱

图 2-24　ZnS 准纳米棒的紫外-可见光谱

从产物的红外吸收光谱图可以看出(见图 2-25(a)),除 3 400 cm^{-1}处有样品吸水造成的羟基吸收峰外,硫化锌准纳米棒在 400～4 000 cm^{-1}范围内基本无吸收,即具有在整个红外区域内的较好红外透过性。利用这一特性,结合硫化锌熔点较高的特点,可用于微型光激发二极管、大功率红外激

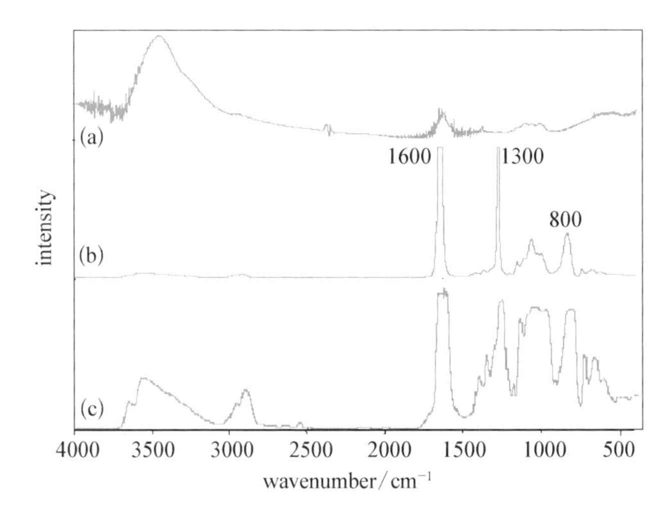

图 2-25　ZnS 准纳米棒和活性膜的红外图谱

(a) ZnS 准纳米棒;(b) 活性膜;(c) 有产物的活性膜

光器窗口、微型红外探测仪等。

(4) 机理初探

人工活性膜上的极性基团与Zn^{2+}离子形成配位键后，其化学环境变化造成红外光谱发生诸如峰位移、出现新峰、原有峰减弱或加强等变化。因此，用红外光谱能够对ZnS的合成机理起到一定的支持作用。人工活性膜的主要成分为三硝基纤维酯，从红外吸收光谱图分析可知(见图2-25(b)，1 600 cm^{-1}，1 300 cm^{-1}，800 cm^{-1}吸收谱带分别对应—NO_2的反对称伸缩振动、对称伸缩振动和弯曲振动)，膜上分布着大量的活性硝基，在产物制备过程中(即膜上有产物时)，硝基的吸收谱带明显加强和宽化(见图2-25(c))，说明硝基(—NO_2)所处的化学环境发生了变化。另外，将未用过的活性膜浸泡在Zn^{2+}溶液中发现，Zn^{2+}浓度有明显的减少，这也说明了活性膜上的硝基(—NO_2)能够与Zn^{2+}发生作用。推测产物形成机理可能是，溶液中的Zn^{2+}离子与乙二胺形成$[Zn(en)_2]^{2+}$络合离子，进入模板孔道后，模板上的硝基(—NO_2)会与乙二胺争夺Zn^{2+}离子的结合位置，造成硝基(—NO_2)取代部分乙二胺，从而得到两种配位基团混配的络合离子。该络合离子被模板上的硝基(—NO_2)固定在孔道中，S^{2-}离子只能从正面或背后进攻，因此，ZnS晶体将沿着垂直于络合离子平面的方向取向生长。另外，由于乙二胺的加入，产物由原来的立方闪锌矿结构转化为六方纤锌矿结构。立方闪锌矿晶体由立方面心格子构成，其面网密度按(111)、(100)、(110)、(311)、(331)、(210)……晶面顺序递减，(111)晶面会优先发育[20]，由于活性模板与乙二胺的协同络合作用和模板控制作用，加强了这种趋势，造成晶体的取向生长，使晶体由立方闪锌矿晶系向六方纤铅锌矿晶系转化，最终得到六方结构的准纳米棒。

本节在常温常压下，通过胶棉活性膜与乙二胺的协同作用，成功制得了长度大、长径比高的六方晶相硫化锌准纳米棒。产物具有良好的光学性能，并表现出明显的量子尺寸效应。该方法不仅可以制备硫化锌准纳米棒，还可以用于合成其他无机非金属(准)纳米棒，以及金属硫化物、含氧酸盐一维纳米材料的制备。

2.3.2 铅钡铬酸盐纳米棒的控制合成研究

本文尝试用2.5节相同的方法和设计机理去控制合成铅钡铬酸盐纳米棒，获得了令人满意的结果。

1. 实验方法

取0.1 mol/L的K_2CrO_4溶液20 ml和0.1 mol/L $Pb(NO_3)_2$(其中加入0.3 ml无水乙二胺)溶液20 ml，分置于隔膜组装装置的两侧，室温下反应2 d后，取人工活性膜两侧分散体系分别进行离心分离，弃去澄清液，依次用丙酮、去离子水、乙醇洗涤后合并，即得产物。

在铬酸钡纳米棒制备过程中，将0.1 mol/L $Pb(NO_3)_2$换成0.1 mol/L $BaCl_2$溶液，其余与铬酸铅纳米棒制备方法相同。

2. 结果与讨论

(1) 形貌与结构

透射电子显微镜观察结果显示，两种材料尺寸均达到一维纳米量级，且均为棒状结构。铬酸铅纳米棒(见图2-26(a))的直径范围为28～55 nm，最大长径比为25；铬酸钡纳米棒(见图2-26(b))的直径范围为24～38 nm，最大长径比为28。

XRD图谱表明，产物具有良好的结晶度。衍射峰指标化如图所示，铬酸铅纳米棒(见图2-27(a))由单斜单晶结构的铬酸铅和碱式铬酸铅组成，前者晶胞参数为$a=0.712\ 1$ nm，$b=0.744\ 0$ nm，$c=0.680\ 1$ nm，$\beta=102.41°$；后者晶胞参数为$a=1.401$ nm，$b=0.567\ 5$ nm，$c=0.713\ 5$ nm，$\beta=115.22°$；与JC-PDS卡(No：8-209；29-769)相吻合。由于体系为碱性环境，因此有部分碱式铬酸铅生成。由于碱式铬酸铅的存在，产物颜色更为鲜艳、亮泽。铬酸钡纳米棒(见图2-27(b))为正交单晶结构，晶胞参

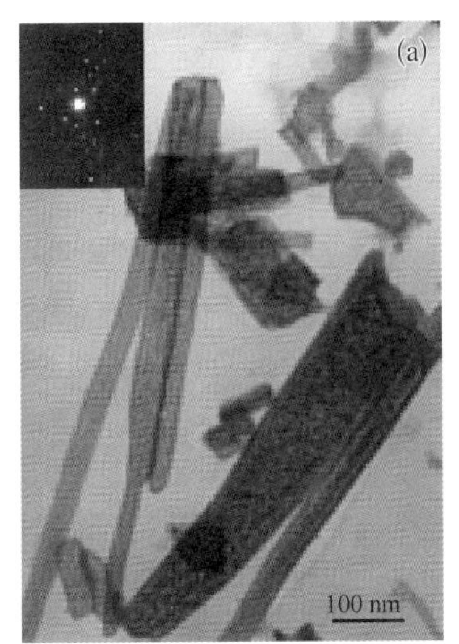

图 2-26　纳米产物的 TEM 图

(a) 铬酸铅;(b) 铬酸钡

数为a=0.910 3 nm,b=0.554 3 nm,c=0.734 7 nm,与铬酸钡的 JC-PDS 卡(No: 15-376)相一致。两种产物均为稳定晶相,这将有利于产物的实际应用。

(2) 制备条件的选择

分别选取不同浓度的反应溶液进行试验,发现反应速率随浓度的增加而增大,但当反应溶液浓度超过 0.1 mol/L 时,容易造成模板孔道的阻塞,而当反应浓度过小,低于 0.01 mol/L 时,合成效率低,不利于棒状形貌的生成。为实现合成效率的最大化,本研究选择 K_2CrO_4 和 $Pb(NO_3)_2$ 或 $BaCl_2$溶液浓度均为 0.1 mol/L;模板的有效孔径随厚度的增加略有减小,试验发现,产物尺寸不仅取决于模板孔径的大小,同时还受膜上活性基团等其他因素影响。模板的机械强度随厚度增加而有所增大,但膜厚度增加的同时,孔道传输效率减小。结合膜的机械强度、合成效率及原料的节省等因素,本研究选择活性膜的厚度约为 0.2 mm;选择反应时间为 0.5 h,

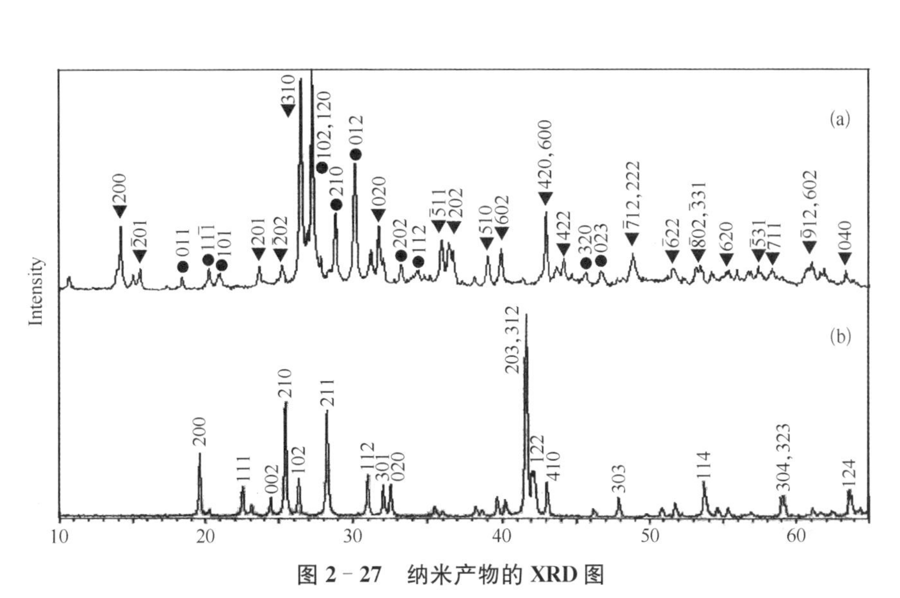

图 2-27　纳米产物的 XRD 图

(a) ▼：$Pb_2(CrO_4)O$；▽：$PbCrO_4$；(b) $BaCrO_4$

5 h,12 h,24 h,48 h,72 h 进行试验，结果表明，反应时间过短，低于 5 h，反应进行不充分，不易形成棒状结构，结晶度也不好；而反应时间过长，超过 72 h，容易造成模板的破损。考虑到结晶度、产物形貌及合成效率等因素，本研究选择反应时间为 48 h。

(3) 光学表征

铬酸盐中 Cr(Ⅵ)电子层结构为 3 d^0 结构，Cr(Ⅵ)具有较强的正电场，CrO_4^{2-} 中的 Cr—O 之间有较强的极化效应，当这些化合物吸收光后，将发生 O—Cr(Ⅵ) 跃迁，从而使铬酸盐化合物均呈现颜色。铬酸盐的光学特性与其结构中含有扭曲的 Cr(Ⅵ)为中心的 Td 对称有关，结构的不同将导致光学性质的差异，而材料的尺度对产物的光学性质也有影响，特别是当其尺寸接近或小于激子玻尔半径时，纳米微粒中电子与表面声子的共振强度、电子的带内迁移、带间跃迁以及电子的热运动等光物理、光化学性质均与体材料不同。

产物的 FT-IR 图谱表明（见图 2-28），产物相对于体材料峰值（830 cm^{-1} 和 850 cm^{-1}）略有“蓝移”。图 2-29 为产物的紫外—可见光谱图,铬酸铅、铬酸钡体材料的最大吸收峰分别在 520 nm 和 426 nm 处,而产物的最大吸收峰却出现在 490 nm 和 391 nm,“蓝移”了 30 nm 和 35 nm,能带间隙分别比体材料加宽了约 0.14 eV 和 0.26 eV。

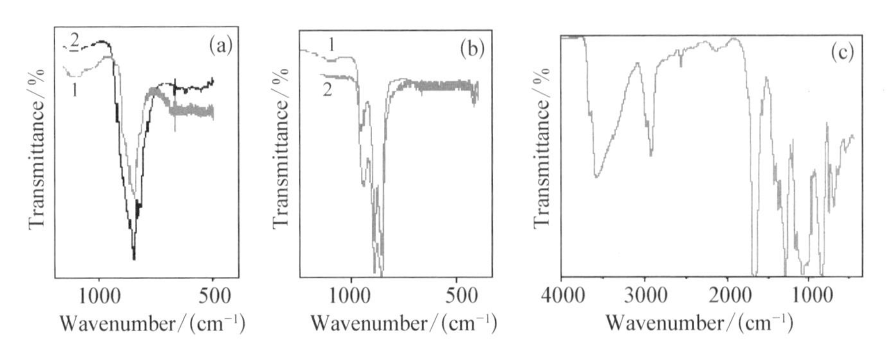

图 2-28 纳米产物和活性膜的红外图谱

(a) 铬酸铅纳米棒;(b) 铬酸钡纳米(其中 1 是纳米产物,2 是体相材料);(c) 活性膜

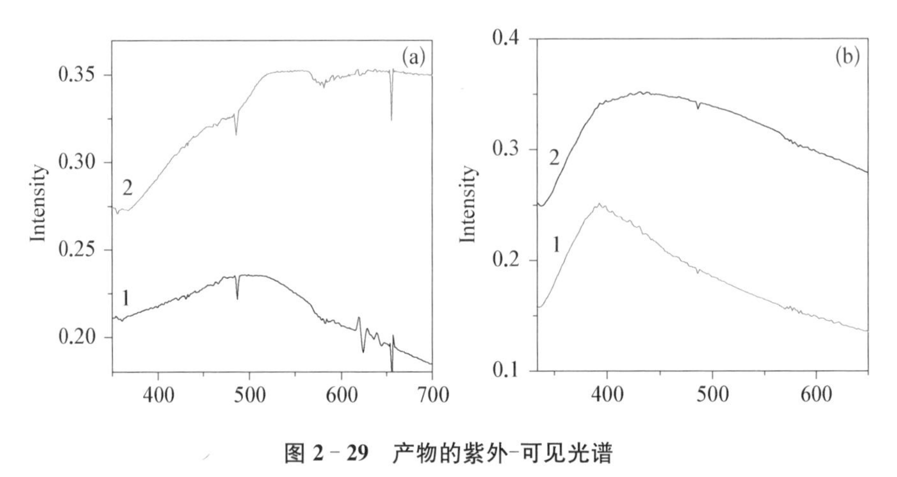

图 2-29 产物的紫外-可见光谱

(a) 铬酸铅纳米棒;(b) 铬酸钡纳米棒(其中 1 是产物,2 是体相材料)

产物的荧光发射光谱研究表明,两种产物均具有较强的光致发光性能,各发光带相对于体材料均有不同程度的“蓝移”,铬酸铅纳米棒在 517 nm处有绿光发射峰,蓝移了 9 nm。而铬酸钡纳米棒在物在处有 422 nm处的紫光发射峰,“蓝移”了 15 nm(见图 2-30)。产物这些不同于

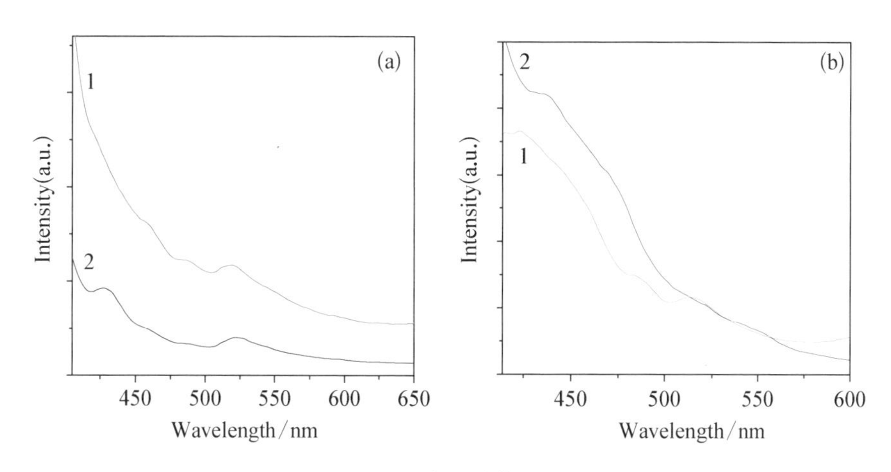

图 2-30　产物的荧光光谱

(a) 铬酸铅纳米棒,激发波长 383 nm; (b) 铬酸钡纳米棒,激发波长 380 nm
(其中 1 是产物, 2 是体相材料)

体材料的光学性质,是其量子尺寸效应和界面效应的体现。

2.4　二维多孔硫化铅纳米复合膜的合成研究探索

本节首次合成了具有纳米孔道的硫化铅有机—无机纳米复合薄膜,该膜不仅具有光致发光性能,而且具有良好的韧性,这为其在水处理、催化等方面的应用奠定了基础。

2.4.1　实验方法

(1) 硫化铅纳米粒子的制备。取 0.10 mol/L $Pb(NO_3)_2$ 溶液 40 ml 和 0.10 mol/L Na_2S 溶液 20 ml,分置于膜的两侧,室温下反应 24 h 后,分别取两侧分散体系进行离心分离,弃去澄清液,所得产物依次用丙酮、去离子水、乙醇洗涤后合并,即得 PbS 纳米粒子。

(2) 基片的准备。玻璃片在 V(浓硫酸),V(30%的过氧化氢)为 70,30 混合液中超声 1 h,用去离子水充分漂洗后,依次用去离子水、无水异丙醇超声清洗 20 min。洗净的玻璃片干燥后,置于干燥器中备用。

(3) 称取一定量的 PbS 纳米粒子经少量分散剂浸润后,缓慢加入到盛有胶棉液的烧杯中,将其密封后置于冰浴中,以 1 000 r/min 搅拌 2 h。然后将基片置于烧杯中,以 2 cm/min 的速度提拉基片,自然干燥。可根据膜厚度的需要选择提拉的次数。

(4) 硫化铅纳米粒子的形貌用 TEM 进行观察,复合膜的表面用 SEM 进行观察,结构用 XRD 进行分析,光学性质用 FT - IR 研究。

2.4.2 结果与讨论

1. 形貌与结构

透射电子显微镜(TEM)观察结果显示,制备出的硫化铅纳米粒子具有近球形形貌,尺寸单一,平均粒径约为 16 nm,选区电子衍射花样为多重环,表明其为多晶结构(见图 2 - 31)。

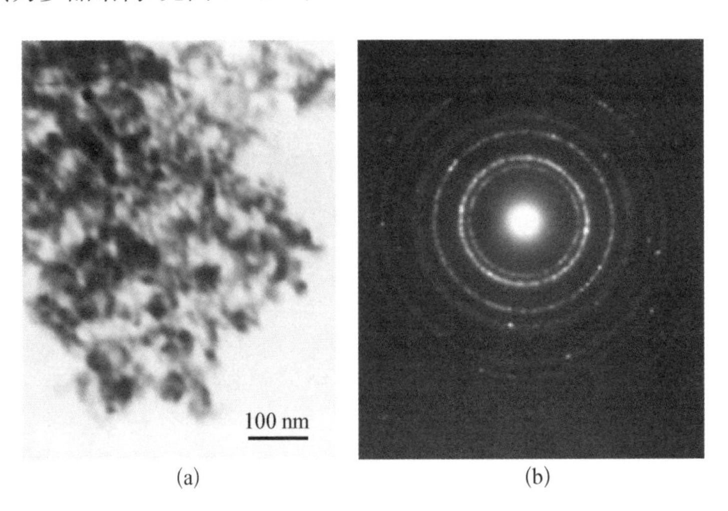

图 2 - 31 PbS 纳米粒子的 TEM 图和衍射图

硫化铅 XRD 衍射图(见图 2-32)出现了明显的宽化现象,这是由于纳米材料的小尺寸效应造成的。根据 Debye-Scherrer 公式估算,其平均粒径约为 15 nm,与 TEM 的观察结果基本一致。另外,XRD 图谱中没有杂峰出现,说明制备复合膜所用的纳米材料具有较高的纯度。硫化铅纳米粒子的形成是人工活性膜控制的结果。

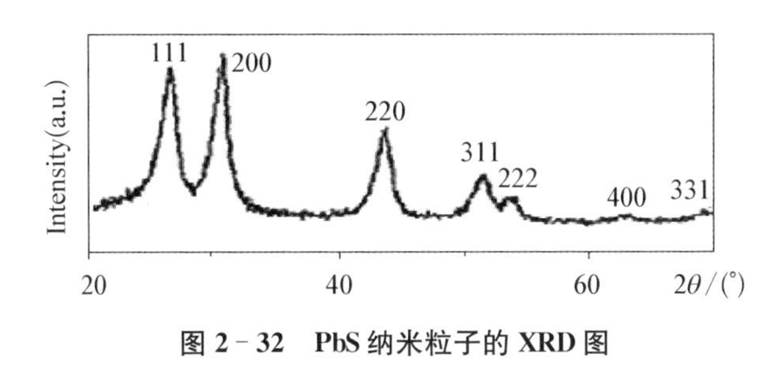

图 2-32　PbS 纳米粒子的 XRD 图

新鲜的人工活性膜表面上分布着 60～120 nm 的孔道。实验获得的硫化铅纳米复合薄膜的表面形貌图(SEM),从图中可以看出,膜面非常平滑,其上分布有孔径在 40～100 nm 的孔洞,由于仪器的原因,没有获得 SEM 图片。硫化铅纳米粒子均匀地分布在膜上,与有机成分很好地融合在一起,而不是孤立地附着在有机质上。硫化铅纳米粒子在膜内无团聚的现象发生,这有利于保留纳米材料的特殊光电性质。实验发现,膜上的孔道随着膜厚度的增加和硫化铅含量的增大而变小,前者对孔道的影响程度大于后者,这些孔道能够使一些小分子通过。另外,纳米硫化铅的加入,大大增加了胶棉膜的韧性和抗拉强度。随着膜厚度的增加,膜的抗拉强度基本呈现线性增强。此部分虽然是简单的探索,但对于今后的工作具有重要的启示作用。

2. 红外吸收

复合膜中的主要有机成分为三硝基纤维酯,其上硝基—NO_2 在 1 647 cm^{-1},1 282 cm^{-1},843 cm^{-1} 处分别存在—NO_2 的反对称伸缩振动、对称伸缩振动和弯曲振动,而复合膜上活性硝基—NO_2 的三个特征峰均出现峰的加强和峰向低波数的移动,这可能是由于组成纳米粒子的 PbS 自身定向排列形成外层静电层，对周围的活性硝基—NO_2起到排斥作用，使—NO_2的振动能量增强，从而造成峰强加强和峰位向低波数移动。这些现象也进一步说明复合膜中的硫化铅与有机物质已经很好地融合在一起了。

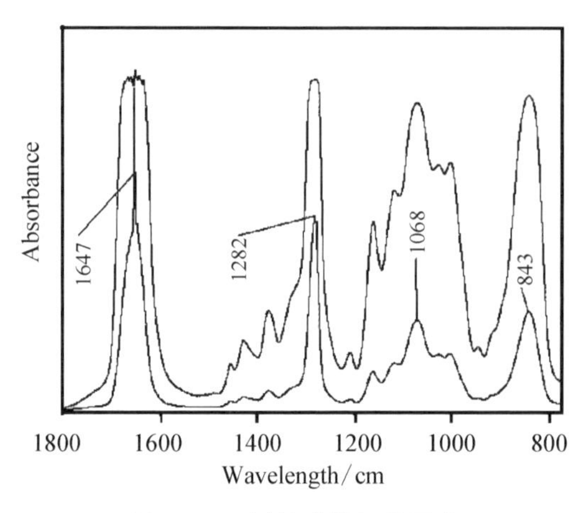

图 2-33　活性膜的红外图谱

2.5 本 章 小 结

本章以具有人工活性的胶棉膜为模板，在温和的条件下，成功获得了系列纳米材料，并对其合成机理做了探讨，主要完成了以下几个方面的工作：

(1) 首次利用具有人工活性的胶棉膜为模板，成功获得了Ⅱ—Ⅵ，Ⅰ—Ⅵ族系列纳米材料和铅钡铬酸盐纳米材料，并对产物的形成机理、光学性质等作了较为深入的探讨；

(2) 在条件选择时，反应温度、反应时间、膜的厚度、反应溶液浓度、产物的 K_{SP} 等诸多因素都应加以考虑，特别是在选择反应的时间时，一定要将各影响因素综合考虑；

(3) 通过对比可以发现，如果反应体系中不加入乙二胺，则获得 0 维纳米晶或纳米球；当加入乙二胺时，则获得一维纳米棒。这说明在这个体系中，乙二胺是一种非常有效的成棒协同试剂；

(4) 本章还对有机—无机纳米复合膜做了探讨，虽然仅仅获得了初步的结果，但已经显示出该材料的良好开发前景。

参考文献

[1] 王刚，崔一平，张宇，等. 表面修饰的 Ag_2S 纳米微粒的光学非线性特性[J]. 光学学报，2001，21(2)：218－221.

[2] Wang H, Zhang H R, Zhao X N, et al. Preparation of copper monosulfide and nickel monosulfide nanoparticles by sonochemical method[J]. Materials Letters, 2002，55：253－258.

[3] X. Dong, D. Potter A, C. Erkey. Synthesis of CuS Nanoparticles in Water-in-Carbon Dioxide Microemulsions [J]. Industrial & Engineering Chemistry Research, 2002, 41(18)：4489－4493.

[4] 魏刚，黄海燕，熊蓉春. 微反应器法纳米颗粒制备技术[J]. 功能材料，2002，33(5)：471－472.

[5] 舒磊，俞书宏. 半导体硫化物纳米微粒的制备[J]. 无机化学学报，1999，15(1)：1－7.

[6] Jiang X, Xie Y, Lu J, et al. Synthesis of Novel Nickel Sulfide Layer-Rolled Structures[J]. Advanced Materials, 2010, 13(16)：1278－1281.

[7] 吴庆生，郑能武. 活体生物膜控制合成纳米半导体硫化镉[J]. 高等学校化学学报，2000，21(10)：1471－1472.

[8] Wu Q, Zheng N, Li Y, et al. Preparation of nanosized semiconductor CdS particles by emulsion liquid membrane with o-phenanthroline as mobile carrier [J]. Journal of Membrane Science, 2000, 172(1)：199－201.

[9] Gao F, Qingyi Lu, Xiaoying Liu, et al. Controlled Synthesis of Semiconductor

PbS Nanocrystals and Nanowires Inside Mesoporous Silica SBA－15 Phase[J]. Nano Letters, 2001, 1(12): 743－748.

[10] Zhu J, Liu S, Palchik O, et al. A Novel Sonochemical Method for the Preparation of Nanophasic Sulfides: Synthesis of HgS and PbS Nanoparticles[J]. Journal of Solid State Chemistry, 2000, 153(2): 342－348.

[11] Zeng J H, Yang J, Qian Y T. A novel morphology controllable preparation method to HgS[J]. Materials Research Bulletin, 2001, 36(1－2): 343－348.

[12] Li Y, Ding Y, Liao H, et al. Room-temperature conversion route to nanocrystalline mercury chalcogenides HgE (E = S, Se, Te) [J]. Journal of Physics & Chemistry of Solids, 1999, 60(7): 965－968.

[13] Wang L, Wang L, Zhu C, et al. Preparation and application of functionalized nanoparticles of CdS as a fluorescence probe[J]. Analytica Chimica Acta, 2002, 468(1): 35－41.

[14] Li Y, Wang Z, Ding Y. Room Temperature Synthesis of Metal Chalcogenides in Ethylenediamine[J]. Inorganic Chemistry, 1999, 38(21): 4737－4740.

[15] Gao F, Lu Q, Zhao D. In situ adsorption method for synthesis of binary semiconductor CdS nanocrystals inside mesoporous SBA－15[J]. Chemical Physics Letters, 2002, 360(5－6): 585－591.

[16] Pardo-Yissar V, Katz E, Wasserman J, et al. Acetylcholine esterase-labeled CdS nanoparticles on electrodes: photoelectrochemical sensing of the enzyme inhibitors[J]. Journal of the American Chemical Society, 2003, 125(3): 622－623.

[17] Döllefeld H, Mcginley C, Almousalami S, et al. Radiation-induced damage in x-ray spectroscopy of CdS nanoclusters[J]. Journal of Chemical Physics, 2002, 117(19): 8953－8958.

[18] Lin N Q, Yuan. Study on the Morphology Control of CdS Nanocrystals Synthesized by Hydrothermal Method[J]. Acta Physico-chimica Sinica, 2003, 19(12): 1138－1142.

[19] Millo O, Katz D, Steiner D, et al. TOPICAL REVIEW: Charging and quantum size effects in tunnelling and optical spectroscopy of CdSe nanorods [J]. Nanotechnology, 2003, 15(1): R1.

[20] Wang Y, Zhang L, Liang C, et al. Catalytic growth and photoluminescence properties of semiconductor single-crystal ZnS nanowires[J]. Chemical Physics Letters, 2002, 357(3-4): 314-318.

[21] Duan X, Lieber C M. General Synthesis of Compound Semiconductor Nanowires [J]. Advanced Materials, 2010, 12(4): 298-302.

[22] Panda A K, Moulik S P, Bhowmik B B, et al. Dispersed Molecular Aggregates [J]. J Colloid Interface Sci, 2001, 235(235): 218-226.

[23] Li M, Schnablegger H, Mann S. Coupled synthesis and self-assembly of nanoparticles to give structures with controlled organization[J]. Nature, 1999, 402(6760): 393-395.

[24] Lee C J, Lyu S C, Kim H W, et al. Large-scale production of aligned carbon nanotubes by the vapor phase growth method[J]. Chemical Physics Letters, 2002, 359(1-2): 109-114.

[25] Yu S H, Cölfen H, Antonietti M. Polymer-Controlled Morphosynthesis and Mineralization of Metal Carbonate Superstructures [J]. Journal of Physical Chemistry B, 2003, 107(30): 379-405.

[26] Zhang D, Qi L, Jiming Ma A, et al. Formation of Silver Nanowires in Aqueous Solutions of a Double-Hydrophilic Block Copolymer[J]. Chemistry of Materials, 2001, 13(9): 2753-2755.

[27] 吴庆生,郑能武,丁亚平. 氯化铅纳米线的胶束模板诱导合成及其机理研究[J]. 高等学校化学学报,2001,22(6): 898-900.

[28] Wei Z, Zhiming Zhang A, Wan M. Formation Mechanism of Self-Assembled Polyaniline Micro/Nanotubes[J]. Langmuir, 2002, 18(3): 917-921.

[29] M H H, And B S D, J I Z. In Situ Luminescence Probing of the Chemical and Structural Changes during Formation of Dip-Coated Lamellar Phase Sodium

Dodecyl Sulfate Sol-Gel Thin Films[J]. Journal of the American Chemical Society, 2000, 122(15): 3739 - 3745.

[30] Fan R, Wu Y, Li D, et al. Fabrication of silica nanotube arrays from vertical silicon nanowire templates[J]. Journal of the American Chemical Society, 2003, 125(18): 5254 - 5255.

[31] Zheng N, Wu Q, Ding Y, et al. Synthesis of $BaCO_3$ Nanowires and Nanorods in the Presence of Different Nonionic W/O Microemulsions[J]. Chemistry Letters, 2000, 2000(6): 638 - 639.

[32] 李彦,张庆敏,黄福志,等.模板法制备硫化物半导体纳米材料[J].无机化学学报,2002,18(1): 79 - 82.

[33] Li Y, Ding Y, Liao H, et al. Room-temperature conversion route to nanocrystalline mercury chalcogenides HgE (E = S, Se, Te)[J]. Journal of Physics & Chemistry of Solids, 1999, 60(7): 965 - 968.

[34] Wu Q, Zheng N, Ding Y, et al. Micelle-template inducing synthesis of winding ZnS nanowires[J]. Inorganic Chemistry Communications, 2002, 5(9): 671 - 673.

[35] Wu Q, Zheng N, Li Y, et al. Preparation of nanosized semiconductor CdS particles by emulsion liquid membrane with o-phenanthroline as mobile carrier [J]. Journal of Membrane Science, 2000, 172(1): 199 - 201.

[36] Diao P, Liu Z, Wu B, et al. Chemically assembled single-wall carbon nanotubes and their electrochemistry[J]. Chemphyschem A European Journal of Chemical Physics & Physical Chemistry, 2002, 3(10): 898.

[37] Chi G J, Yao S W, Fan J, et al. Antibacterial activity of anodized aluminum with deposited silver[J]. Surface & Coatings Technology, 2002, 157(2 - 3): 162 - 165.

[38] Shi H, Qi L, Ma J, et al. Polymer-directed synthesis of penniform $BaWO_4$ nanostructures in reverse micelles[J]. Journal of the American Chemical Society, 2003, 125(12): 3450 - 3451.

[39] 姚连增，叶长辉，牟季美，等. 纳米 PbS/SiO_2 气凝胶介孔组装体的制备及光学特性[J]. 无机材料学报，2001，16(1)：93 - 97.

[40] 周继承，何红波，李义兵. 纳米粒子的电容[J]. 化学物理学报(英文版)，2000，13(6)：689 - 693.

[41] 余保龙，顾玉宗，毛艳丽，等. 半导体 PbS 纳米微粒的三阶非线性光学特性[J]. 物理学报，2000，49(2)：324 - 327.

[42] 冯威，张铁锐，刘延，等. Keggin 结构钨磷酸/聚乙烯吡咯烷酮复合膜的制备和光致变色性质研究[J]. 高等学校化学学报，2001，22(5)：830 - 832.

[43] LI YingLan，CHEN GuangHua，ZOU YunJuan，et al. Nano-Structural Studies on C60/PMMA Composite FilmsC60 - PMMA 复合膜的纳米结构研究[J]. 无机材料学报，2002，17(1)：167 - 171.

[44] Prado L A S D A，Wittich H，Schulte K，et al. Anomalous small-angle X-ray scattering characterization of composites based on sulfonated poly(ether ether ketone)，zirconium phosphates，and zirconium oxide[J]. Solid State Ionics，2003，177(s 1 - 2)：165 - 173.

[45] Stevens N S M，Rezac M E. Formation of hybrid organic/inorganic composite membranes via partial pyrolysis of poly(dimethyl siloxane)[J]. Chemical Engineering Science，1998，53(9)：1699 - 1711.

[46] Yun S K，Han C Y，Kim S W，et al. The orphan nuclear receptor SHP，as a novel coregulator of nuclear factor-kB in oxLDL-treated macrophage cell RAW 264. 7[J]. Journal of Biological Chemistry，2001.

[47] Teruhiko Kai，Takeo Yamaguchi A，Nakao S. Preparation of Organic/Inorganic Composite Membranes by Plasma-Graft Filling Polymerization Technique for Organic-Liquid Separation[J]. Industrial & Engineering Chemistry Research，2000，39(9)：3284 - 3290.

[48] Kagan C R，Mitzi D B，Dimitrakopoulos C D. Organic-inorganic hybrid materials as semiconducting channels in thin-film field-effect transistors[J]. Science，1999，286(5441)：945.

[49] 芮祥新,季振国,王龙成,等. 真空沉积酞菁铅和酞菁氧钒层状纳米复合膜的吸收光谱研究[J]. 高等学校化学学报,2002,23(12):2360-2362.

[50] 丁瑞钦,王浩,余卫龙,等. 制备工艺对 InP/SiO_2 纳米膜性能的影响[J]. 材料研究学报,2001,15(4):409-414.

[51] 李磊,许莉,王宇新. 磷钨酸/磺化聚醚醚酮质子导电复合膜[J]. 高等学校化学学报,2004,25(2):000388-390.

[52] Wang R Y, Lu W H, Hogan L M. Growth morphology of primary silicon in cast Al-Si alloys and the mechanism of concentric growth[J]. Journal of Crystal Growth, 1999, 207(1): 43-54.

第3章

生物活性膜模板法合成纳米/超结构材料

3.1 引　言

自然界的物种千变万化，形态各异，微观世界更是丰富多彩，变幻无穷。纳米科技的出现与发展，在一定程度上实现了对微观形态、结构、形貌等的人为控制，提高了人类认识自然、改造自然的能力，用纳米材料组装成的纳米超结构，使宏观物种形态在微观领域得以反映，更激发了科研工作者的对微观形貌进行设计探索的兴趣。目前已经有人利用模板技术制备出了花瓣状、雪花状、毛发状、纤维状、壳连状等形态的纳米有序超结构。由于这类产物在微观修饰、标识、印烙等领域具有潜在应用前景，并且该类产物形貌往往与自然界中已有物种相像，因此，仿生合成技术将在此领域发挥重要作用。

具有特殊尺寸和形貌的无机材料在催化、医药、电子、陶瓷、印染和化妆品[1-4]等诸多领域具有潜在的应用价值，因此，该类材料的合成是近年来材料研究领域的热点，如铬酸钡可用于光电池、湿敏电阻材料等。1961年，T. Adamski首次报道了具有较多形状的铬酸钡粒子1961[5]，随后又有高度有序结构的 $BaCrO_4$，例如长链、细丝、漏斗状超结构和纳米纤维超结构[6,7]被成功制备。关于特殊形貌 $BaCrO_4$ 的制备方法主要有 AOT 反相胶束法[6-8]，双亲嵌段聚合物模板(DHBCs)[7-9]。

通过低维纳米材料的组装获得有序的纳米超结构材料是近年材料研究领域的热点之一[10]。这类材料能够用于药物携带、填充、催化、存贮等领域[11-16]。众多的组装合成机理已经用于该类材料的制备，如表面作用、静电力、氢键等作用[17-33]。至今为止，合成该类材料常用的方法有胶体粒子模板法(如聚合物微球、二氧化硅球等)[34-38]、液滴法[39,40]、微乳液法[41,42]、胶束法[43,44]。这些方法往往需要通过烧结等去除模板或者需要多步来完成制备。另外，已经报道的球体大多数是由纳米粒子、纳米棒组装而成的[45-51]。纳米带的制备就已经很复杂，常常需要高温等条件，如果实现纳米带向有序的球体组装就更加困难[52]。目前，尚未见有在室温条件下，一步合成纳米带组装球的报道。

自从碳纳米管问世以来[53]，具有特殊性质和功能的材料引起了人们更大的反响，同时也对科研工作者提出了更大的挑战。由于纳米管独特的物理化学性质，在诸多方面存在着潜在的应用，例如电子、光学、催化和能量存储/转换等方面。此外，它们的管状结构促进了科研工作者对其物理和化学性质方面的研究，最终模仿生物学途径通过它们内部纳米空间限制分子。迄今为止，由于合成上的困难，相对于非碳纳米粒子、纳米线、纳米棒而言，有关非碳纳米管的报道还不多。无机纳米管的研究主要集中在一元纳米管(如碳[53]、铋[54]等等)，二元纳米管(如金属氧化物纳米管[55-57]、氮化物纳米管[58]、硫化物纳米管[59-62]等等[63-65]。)但是，有关多元纳米管的报道还不多[66-71]，也未见有关于 $BaSO_4$ 纳米管制备合成的报道。$BaSO_4$ 被广泛用于化学工业、医药等领域。如能够将 $BaSO_4$ 制备成纳米管，并向管中添加医药品、导体或者半导体，它的效果将会极大地增强，在电子领域的潜在应用价值也将大大提高。目前，非碳纳米管的合成方法有等离子弧放电法[72]、碳纳米管模板法、溶胶凝胶法、水热反应法、气固反应法、手性油脂分子模板法[73,74]等[56,65-73]，但目前为止尚未见生物模板法制备纳米管的报道。

蛋膜为生物体内形成的半透性膜结构，主要成分为富含生命奥秘的蛋白质，构成蛋白质的氨基酸或者氨基酸残基大量分布在模板孔道壁上，其上的羰基、氨基等基团能够对金属离子产生亲和作用（如络合、键合、静电力等），从而对产物的形成、组装、排布等起到控制诱导作用。处在不同环境中的蛋白质，对生命体系的作用不一样，将蛋膜处于不同的化学环境中，水解等作用产生的“裸露”基团会不同，对产物诱导作用也会不一样，从而对产物的形态产生影响。本章将利用蛋膜的这种多变活性，通过改变其所处的化学环境，成功获得了松柏状、田螺状、竹叶状等多种仿生形貌的纳米组装的有序超结构。

蛋膜是一种厚度约为 70 μm 的半透性生物膜，其主要成分为胶原蛋白、蛋白多糖和糖蛋白等，这些蛋白纤维纵横交错成复杂的半透性孔道结构。蛋膜对于蛋壳矿物质层的形成具有非常重要的作用，因此，已有较多关于蛋膜矿化机理研究的报道[75-77]。如能够将蛋膜的矿化功能用于无机环境中，简单模拟生物体内矿物质的形成过程，制备出具有特殊性质和功能的无机纳米材料，无论是材料学还是方法学上均具有一定的科学价值。

本章首先是选择半导体硫化物作为制备对象，探讨蛋膜作为模板控制合成材料的可行性。硫化物半导体材料具有可见光吸收、主红外区透过、光致发光等光学特性，在新型光控器件、光催化、电腐蚀等领域倍受青睐。纳米量级的硫化物更是因其不同于体相材料的物理、化学性能，而成为研究的热点[78-84]。目前有关铜族硫化物纳米材料的制备方法主要有乳化液膜法[85]、高聚物模板法[86]、反相胶束法[87-89]、水热—溶剂热法[90]、Gibbs 膜模板法[91]等，但尚未见有利用生物膜作模板，通过仿生合成机制合成铜族硫化物纳米材料的报道。本研究以蛋膜作为模板，成功获得了硫化铜、硫化银、硫化金纳米晶，直接证明了蛋膜作模板合成无机材料的可行性，为纳米材料的制备提供了一种新方法。同时，对于探索天然有机膜在无机材料领域的应用以及仿生矿化机理，具有一定的理论意义。

羟基磷灰石是一种非常重要的生物材料。本章利用具有生物活性的蛋膜为模板，通过简单的制备工序，成功获得了羟基磷灰石纳米带组装球。由于纳米材料本身具有很大的表面积和较大的吸附能，且上面附有许多羟基，如果选择一些能够与这些羟基形成氢键的物质，使这些有机物质牢固地附着在组装球的孔道内，形成统一体。即可以用于药物的携带传输，也可以让这类组装球具有光或电或磁等性能，开发该类材料的新的用途。本章还尝试用含有羟基和羧基的荧光物质与组装球结合制备荧光探针，获得了非常满意的结果，证明了上述想法的可行性，使纳米材料的应用向前迈进了非常重要的一步。同时，该荧光探针自身为球形，将具有良好的流动性；该荧光探针是以无机纳米材料为基质，通过与有机物质组装而成，有机质/无机质之间牢固地结合在一起，基质本身具有无毒、与生物体融合性好、对人体无伤害等优点，这将有利于探针的实际应用。

3.2 铜族硫化物纳米晶的仿生合成及其光学性能研究

3.2.1 实验部分

1. 实验试剂与仪器

$BaCl_2$(AR)，Na_2SO_4(AR)，乙二胺(AR)，KOH(AR)，$CuSO_4$(AR)，$HAuCl_4$(自制)$Na_2S\cdot 10H_2O$(AR)，$AgNO_3$(AR)，$CaCl_2$(AR)，KH_2PO_4(AR)，$SrCl_2$(AR)，$BaCl_2$(AR)。

昆山市超声仪器有限公司 KQ218 超声波清洗器，上海标准模具厂 6511 型电动搅拌机，荷兰飞利浦 XL－31 ESEM 扫描电镜，荷兰飞利浦

Pw1700型X射线衍射仪(XRD, CuK_{α}),Agilent 8453紫外—可见光分光光度计(UV-Vis),Thermo Nicolet Nexus傅里叶变换红外光谱仪(FT-IR)和Varian Cary Eclipse荧光仪,Shimadzu XD-3A X射线粉末衍射仪,50 kV,100 Ma,Philips XL-30E扫描电子显微镜(SEM)等进行实验表征。

取新鲜蛋壳,除去外侧矿物质,保留其内部膜结构,用去离子水多次清洗备用。

2. 实验方法

将蛋膜固定在一反应器中,分别取20 ml 0.10 mol/L $CuSO_4$(分析纯)和20 ml 0.10 mol/L Na_2S(分析纯)溶液,分置于蛋膜的两侧,组成隔膜传输反应装置。将整个体系置于避光处,室温下反应24 h,将蛋膜两侧的产物分别洗涤,合并,即得CuS纳米晶。在制备Ag_2S(Au_2S_3)纳米晶时,除将20 ml 0.10 mol/L $CuSO_4$溶液换成40 ml 0.10 mol/L $AgNO_3$(分析纯)溶液(或15 ml约0.10 mol/L的$HAuCl_4$(自制))外,其他条件与CuS纳米晶完全相同。

产物的形貌用日立H-800型透射电子显微镜(TEM,操作电压200 kV)进行观察,蛋膜表面形貌用Philips XL-30E扫描电子显微镜(SEM)进行分析,产物的结构用电子衍射和Philips Pw1700型X射线粉末衍射仪(XRD, Cu K_{α})进行表征,光学性质分别用Thermo Nicolet Nexus傅里叶变换红外光谱仪(FT-IR)、Perking Elmer LS-55荧光仪(PL)和Agilent 8453紫外—可见光分光光度计(UV-Vis)进行研究。

3.2.2 结果与讨论

1. 形貌与结构

经TEM观察,三种产物均具有近球形的形貌和较均匀的粒径尺寸。Ag_2S纳米晶的平均粒径约为30 nm(见图3-1(a)),CuS纳米晶的平均粒径约为24 nm(见图3-1(b)),Au_2S_3纳米晶的平均粒径约为22 nm(见图

3－1(c))。三种纳米晶电子衍射花样均为多重环(图 3－1 中的插图)，说明产物均为多晶结构。从 ED 图还可看出，Ag_2S、CuS 多重环上分布还有一些衍射点，表明产物有从多晶向单晶转化的趋势。产物的获得，直接证明了蛋膜用于合成纳米材料的可行性。

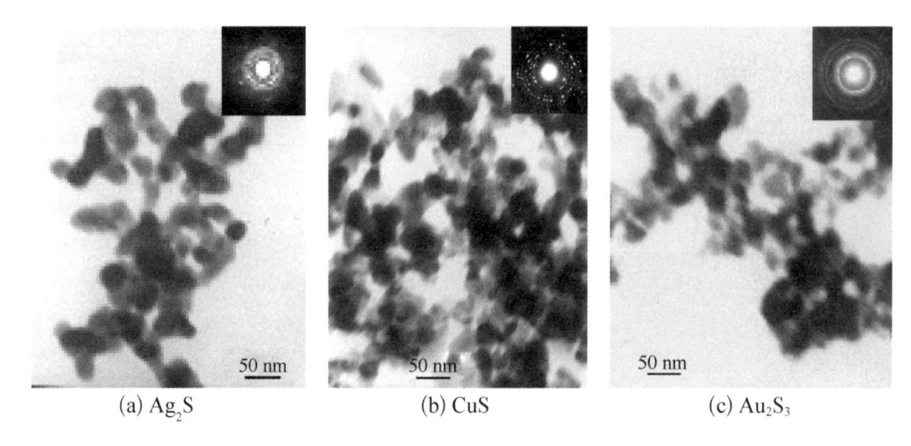

(a) Ag_2S　　(b) CuS　　(c) Au_2S_3

图 3－1　产物的额 TEM 图

X 射线粉末衍射和电子衍射结果表明，Ag_2S、CuS 和 Au_2S_3 三种纳米晶均有较好的结晶度和较高的纯度，分别为单斜多晶结构、六方多晶结构和立方多晶结构。产物的衍射峰出现了不同程度的宽化，说明产物的平均粒径较小。利用 Debye-Scherrer 公式对产物尺寸进行估算，硫化银的粒径约为 29 nm，硫化铜的粒径约为 23 nm，与 TEM 的观察结果基本相符。

2. 不同条件对产物的影响

本节分别对反应溶液浓度、反应时间以及反应离子在蛋膜两侧的放置方式等条件对产物的影响进行了研究。试验发现，较适合的反应溶液浓度在 0.05～0.1 mol/L 之间，浓度过小影响合成效率，过大容易造成模板阻塞，因此本节选择 0.1 mol/L 进行制备；结合产物的结晶度、反应完成程度等因素，认为合适的反应时间为 1 天；将含有金属离子的反应溶液放置在蛋膜的内侧或外侧，而将含有硫离子的反应溶液放在蛋膜的另一侧，结果发现，不论以哪种放置方式，膜的两侧均有产物生成，说明产物离开模板向蛋膜两侧脱离的机会是均等的。另外，选择一种不含有有机活性基团的半透膜进行对比发现，无活性基团半透膜制备的产物不仅粒径大，而且团聚现象非常明显，这说明蛋膜模板对于产物的控制合成具有非常重要的作用。

3. 机理探讨

图 3-2 为蛋膜的表面形貌图和红外吸收光谱图。蛋膜是由直径约为 2 μm 的蛋白纤维纵横交错而成 1.5～10 μm 的孔道结构。孔道间相互重叠使蛋膜具有半透过性结构，对离子传输具有控制作用。蛋膜的主要成分为胶原蛋白(见图 3-2(b))、糖蛋白和蛋白多糖等生物大分子，表面上有许多游离的氨基酸基团，因此其上有大量带正电的氨根($—NH_3^+$)和带负电的羧酸根($—COO^-$)。靠近含铜族离子溶液的蛋膜一侧，蛋膜表面的羧基($—COO^-$)将结合金属离子，并向孔道内部传输；靠近硫离子溶液的蛋膜一侧，膜面上的氨基($—NH_3^+$)将结合硫离子，也向孔道内部传输。金属离子和硫离子将在孔道内相遇并发生反应，形成分子，多个分子聚集形成晶核。晶核在孔道表面模板的诱导作用下生长，同时又受到孔道和蛋膜上疏水基团的抑制作用，使得晶体尺寸限制在纳米量级。生成的纳米晶在分子热运动及蛋膜大分子等共同作用下脱离蛋膜表面，从而获得产物。上述过程重

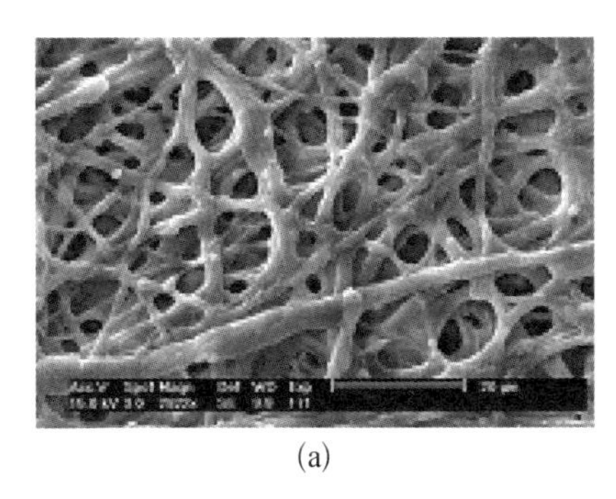

(a)

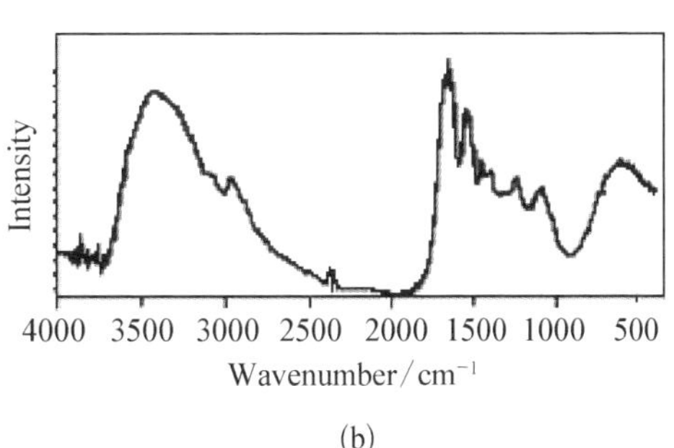

(b)

图 3-2　鸡蛋膜的 SEM 图和红外图谱

复交替进行，直到反应结束。上述过程的示意图见图 3-3。

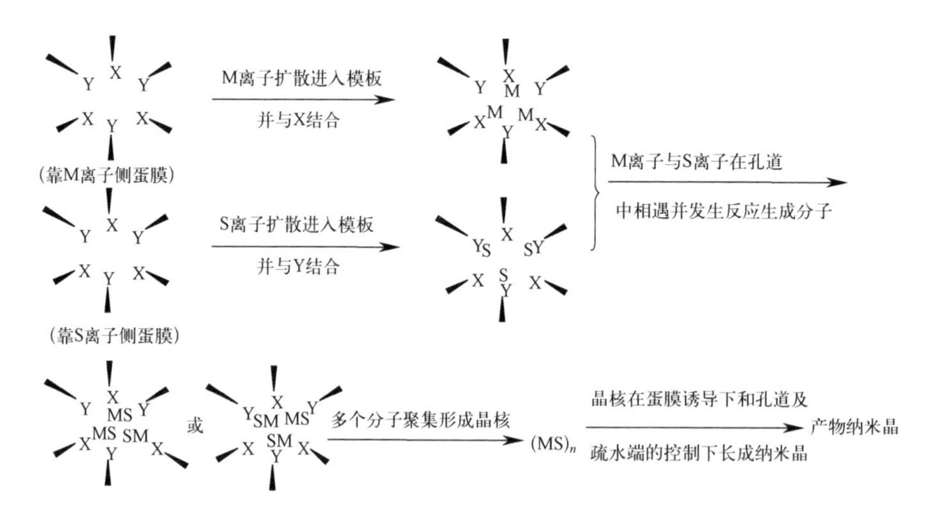

图 3-3　生成过程的机制

（X：$—COO^-$；Y：$—NH_3^+$；M：金属离子）

4．光学性能

主红外透过性能：由红外吸收光谱图分析可知（见图 3-4 *A*,*B*,*C*），三种纳米晶均具有主红外透过性能，在 400～4 000 cm^{-1}范围内没有出现吸收峰，即在主红外区域内具有较好的光学透过性能。

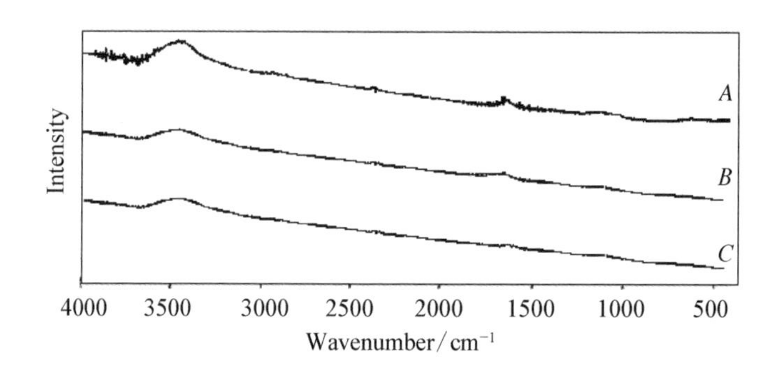

图 3-4　产物的红外图谱

（*A*—Ag_2S；*B*—CuS；*C*—Au_2S_3）

光致发光性能：三种产物都具有良好的半导体光致发光性能。图 3-5(a)为 Ag_2S 纳米晶的荧光光谱图，当激发波长为 375 nm 时，发射波长分别为 483 nm 蓝绿光、511 nm 绿光。图 3-5(b)为 CuS 纳米晶的荧光光谱图，当激发波长为 390 nm 时，发射波长分别为 486 nm 蓝绿光、527 nm 绿光。图 3-5(c)为 Au_2S_3 纳米晶的荧光光谱图，当激发波长为 330 nm 时，发射波长为 406 nm 和 430 nm 的蓝紫光。

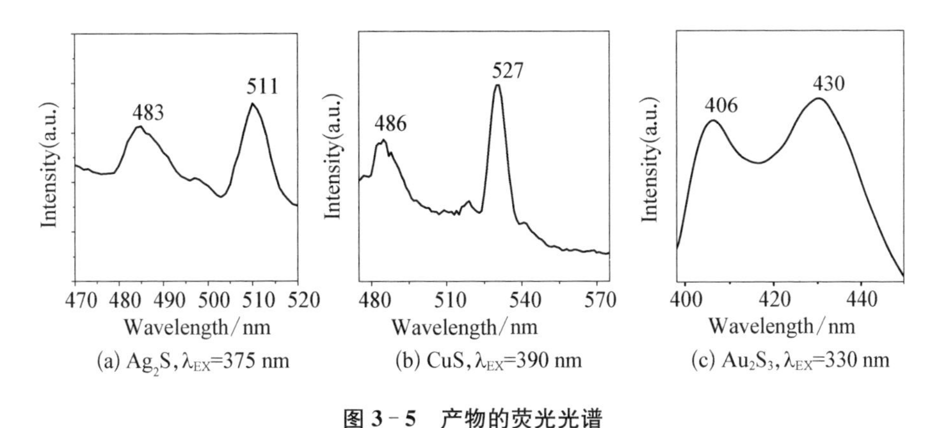

图 3-5　产物的荧光光谱

紫外—可见光谱吸收性能：从紫外—可见光谱图分析(见图 3-6)可知，产物的紫外—可见光吸收明显不同于相应的体材料。Ag_2S、CuS、Au_2S_3 体材料在紫外—可见光范围内无吸收峰出现，而产物分别在268 nm、264 nm 和 272 nm 处出现体相材料所不具有的强吸收带，且吸收峰较尖锐。经过计算，三种产物的新吸收带的能量分别约为 4.63 eV，4.69 eV，4.55 eV。新吸收带的出现，可能是由于硫化银、硫化铜、硫化金纳米晶界面存在大量的空位、夹杂等缺陷，形成了高浓度的色心所造成，其真正的原因有待于进一步探讨。另外，紫外吸收峰的峰型从一定程度上能够反应产物的粒径分布，即吸收峰的峰型与粒径分布图形基本一致[92]，从图 3-6 三种产物紫外—可见吸收光谱的吸收峰形状可以推测，产物的粒径较为均一，这与 TEM 观察的结果一致。

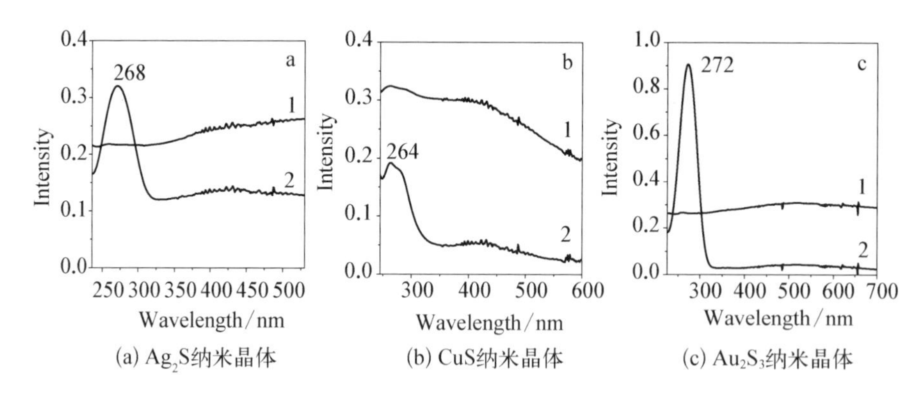

(a) Ag_2S纳米晶体　(b) CuS纳米晶体　(c) Au_2S_3纳米晶体

图 3-6　产物的紫外-可见光谱

(其中 1 是体相材料，2 是产物)

本节直接验证了蛋膜作模板仿生合成纳米材料的可行性，开发了蛋膜在材料领域的应用价值，为纳米材料的制备提供了一种新的方法。该方法不仅可以制备铜族硫化物，还可用于Ⅱ—Ⅵ族，Ⅲ—Ⅴ族等其他半导体纳米材料的合成。如能将该方法加以完善，将有利于实现资源的充分利用。本节最为重要的意义在于，直接用实验证明了蛋膜模板用于纳米材料控制合成的可行性，为下一步工作的开展提供了一条新的思路。

本节还尝试加入乙二胺作为协同试剂去制备硫化锌纳米棒，结果没有获得成功，这说明，在该体系中，乙二胺已不再是有效的成棒协同试剂。

3.3　硫酸钡纳米材料的合成研究

3.3.1　纳米管的设计合成及机理探讨

1. 实验方法

将蛋膜固定在反应容器内，将反应容器分成两部分。向蛋膜的器中一侧加入 25 ml 0.1 mol/L 的 Na_2SO_4 溶液，向蛋膜的另外一侧加入 25 ml

0.1 mol/L的 Ba_2Cl_2 溶液，并向两侧溶液中分别加入 0.5～2 wt%的 $C_{12}H_{25}SH$。室温下反应 10 h 即获得产物。

产物的形貌用日立 H－800 型透射电子显微镜（TEM，操作电压 200 kV）进行观察，蛋膜表面形貌用 Philips XL－30E 扫描电子显微镜（SEM）进行分析，产物的结构用电子衍射和 Philips Pw1700 型 X 射线粉末衍射仪（XRD，Cu K_α）进行表征。

2. 结果与讨论

TEM 观察结果显示，产物为两端封闭的纳米管状结构（见图 3－7（a）），管的粗细均匀，整个管的壁厚度统一。$BaSO_4$ 纳米管的长度在 1.5～2.5 μm，管的外壁直径和内壁直径分别为 90～140 nm 和 73～122 nm，长径比约为 16。选区电子衍射（ED）显示，产物为单晶结构。这种长度和管内直径均大的纳米管，在电子、医药等领域将具有潜在的应用价值。

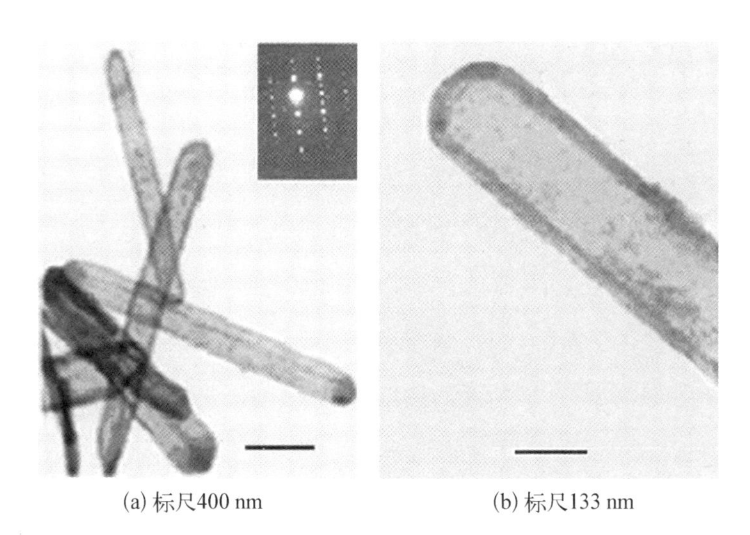

(a) 标尺400 nm　　(b) 标尺133 nm

图 3－7　$BaSO_4$ 纳米管的 TEM 图(a)和 ED 谱(b)

产物的物相结构通过 Philips Pw－1700 X-ray 粉末衍射仪进行分析（λ=1.540 56 Å），结果发现，产物属于正交晶系［space group：*R*3 h*m*（166）］，XRD 图谱的所有衍射峰（见图 3－8）均可检索，说明产物纯度较高。晶胞参数分别为 $a=7.1489$ Å，$b=8.8619$ Å，$c=5.4337$ Å，与文献值 $a=7.1565$ Å，$b=8.8811$ Å，$c=5.4541$ Å 基本吻合(JCPDS 24－1035 and 24－1035A)。

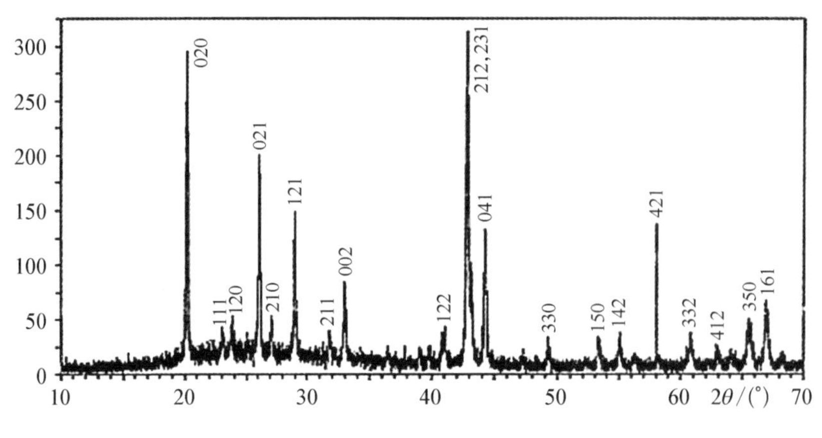

图 3－8　$BaSO_4$ 纳米管的 XRD 图

能够形成 $BaSO_4$ 纳米管比较适合的 $C_{12}H_{25}SH$ 的加入量为 0.5～2 wt%。如果加入的量过低，则会得不到理想的产物，而加入的浓度太高，又会因为十二烷基硫醇的量太大，造成模板孔道阻塞，导致实验失败。

为了验证生物蛋膜在 $BaSO_4$ 纳米管形成中的作用，实验中改用胶棉膜取代生物膜，结构获得了直径在 60～120 nm 的 $BaSO_4$ 纳米棒(见图 3－9(a))。而不使用任何膜，直接将含有 $C_{12}H_{25}SH$ 的两种反应溶液直接混合，则得到了如图 3－9(b)所示的纳米粒子。只是用蛋膜，不加入 $C_{12}H_{25}SH$ 时，将获得树枝状的 $BaSO_4$ 仿生纳米超结构材料(见图 3－9(c))。这些实验结果表明，$BaSO_4$ 纳米管是在蛋膜和十二烷基硫醇的共同作用下组装而成的，两者缺一不可。另外，通过对比发现，硫酸被纳米管的尺度并非与蛋膜的管道尺度完全吻合，这是由于蛋膜表面上含有一些活性基团，这些基团本身存在一定的作用空间，同时，由于十二烷基硫醇的加入，也将占用一部分空间，从而减小了模板的有效空间，同时也使产物的尺寸不会与蛋膜尺寸完全一致。

(a) 模板为胶棉膜，标尺250 mm

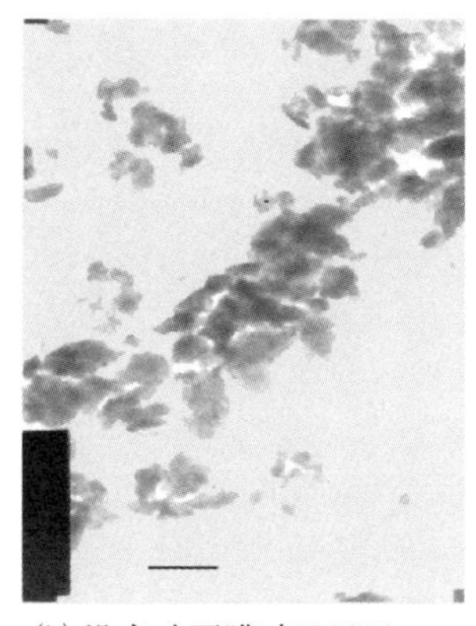

(b) 没有鸡蛋膜，标尺250 mm

(c) 没有$C_{12}H_{25}SH$，标尺800 mm

图 3－9　不同条件下产物的 TEM 图

图 3－10 为典型的蛋膜表面扫描电子显微镜(SEM)形貌图。从图中可以看出，蛋膜上分布着 1.5～10 μm 的孔道，这些孔道是由直径约为 2 μm 的蛋白纤维交错而成的。蛋膜主要由胶原蛋白、蛋白多糖和多糖蛋白组成。这些生物大分子上含有疏水基团和亲水基团，这些基团对晶体的取向诱导生长具有非常重要的作用。

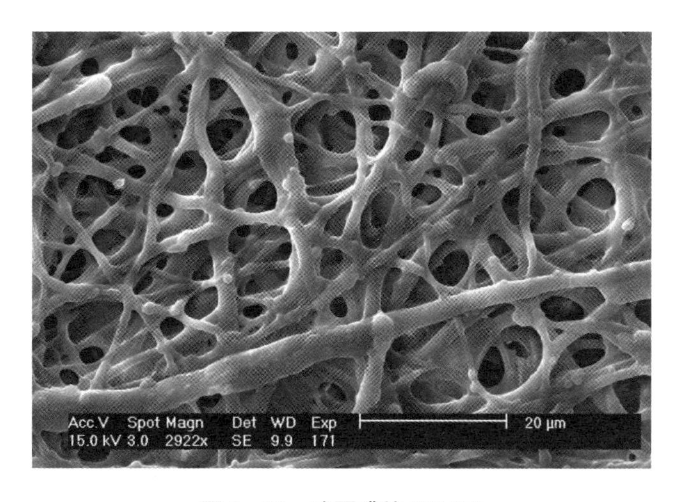

图 3－10　鸡蛋膜的 SEM 图

十二烷基硫醇通过非化学键力，例如弱的介于—SH 和—OH 之间的氢键，吸附在蛋膜表面上和多阴离子端（主要是羟基）共同作用。其间，十二烷基硫醇自身形成相互交叉的网状结构，而不是形成胶束。

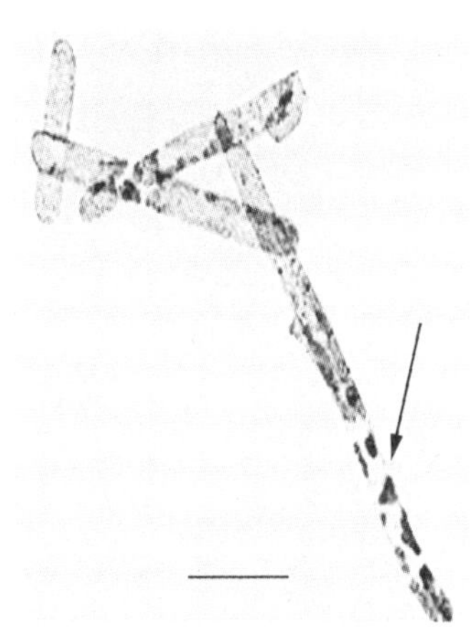

图 3-11　生长中 $BaSO_4$ 纳米管的 TEM 图

（标尺 400 nm，陈化时间 2 h）

本节还对 $BaSO_4$ 纳米管的生长历程进行了研究。陈化 2 h 的产物 TEM 如图 3-11 所示，从图中可以看出，纳米的框架已经基本形成，直径与长度与最终产物（见图 3-7）也基本相同。但是，此时的纳米管壁是不连续的（如箭号所示），说明此时纳米管尚未生长完全，仅仅是一个中间阶段。这一事实为探讨纳米管的形成机理提供了重要的依据。

根据实验现象及相关理论，推测硫酸钡纳米管在蛋膜和十二烷基硫醇控制作用下的形成机理可能是：

① 蛋膜上的亲水端吸附金属阳离子（Ba^{2+}），并与通过蛋膜扩散来的 SO_4^{2-} 反应生成硫酸钡分子；

② 多个 $BaSO_4$ 分子聚集形成 $BaSO_4$ 晶核；

③ $BaSO_4$ 在蛋膜疏水端的控制作用下生长成 $BaSO_4$ 纳米晶；

④ $BaSO_4$ 纳米晶在蛋膜大分子和十二烷基硫醇的共同作用下组装成 $BaSO_4$ 纳米管。

$BaSO_4$ 纳米管的形成过程如图 3-12 所示。

本节成功地利用生物膜模板组装合成了硫酸钡纳米管，为无机非碳纳米管的合成提供了一种新的思路。但本节的某些方面还有待于进一步研究，如如何向管中添加药物、如何大批量地制备出硫酸钡纳米管，等等。

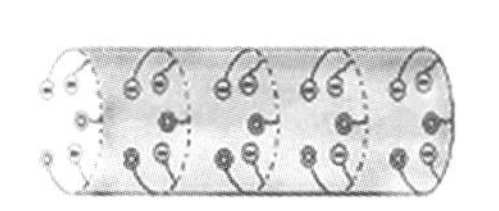

segment of template hole wall

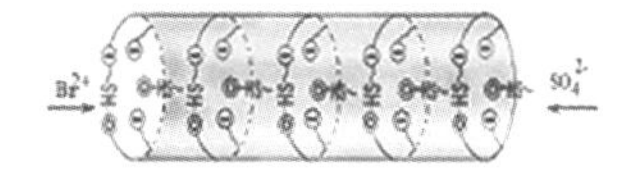

segment of template hole wall combined with n-dodecanethiol

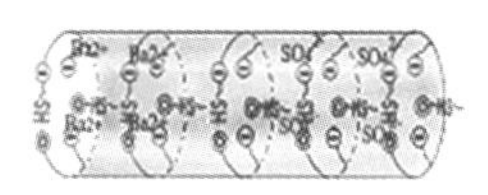

hydrophilic ends adsorbed metal ions(Ba^{2+})

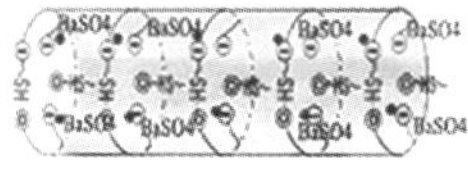

$BaSO_4$ molecules formed and congregated to $BaSO_4$ crystal nuclei

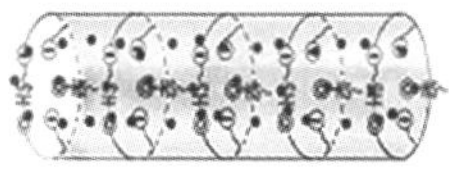

$BaSO_4$ crystal nuclei grew to $BaSO_4$ crystal and assembled under the control of macromolecules and n-dodecanethiol

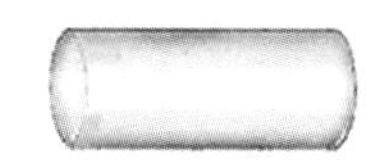

$BaSO_4$ nanotubes formed

图 3-12　$BaSO_4$ 纳米管的形成机理示意图

3.3.2　调控体系 pH 值制备多种硫酸钡仿生纳米超结构材料

蛋膜在不同的 pH 条件下，暴露在表面的活性基团也会有所不同，对产物的模板控制作用也不一样。本节将以硫酸钡的制备为例，探索不同 pH 条件下模板对产物的控制情况。

1. 实验方法

将 0.1 mol/L 的 $BaCl_2$ 和 Na_2SO_4 溶液各 25 ml，分置于隔膜组装体系的两侧，通过加入（或不加）乙二胺或盐酸改变蛋膜所处的化学环境，室温下（20℃左右）反应 10 h 后，离心分离产物，洗涤后用日立H-800型透射电子显微镜（TEM）进行产物形貌观察，用 X 射线粉末衍射仪进行结构分析，用 Philips XL-30E 扫描电子显微镜（SEM）进行蛋膜表面形貌观察，用 Thermo Nicolet Nexus 傅里叶变换红外光谱仪（FT-IR）对蛋膜进行成分确定。

2. 结果与讨论

当反应体系处在中性环境时（pH=7），获得了树状硫酸钡纳米超结构产物（见图 3-13(a)），树状产物的每一个分支也都具有树枝状结构（如图 3-13(a)箭头所示），即整个产物为分形结构[93]。通过较大倍数的透射电子显微镜（TEM）观察显示，该产物是由直径约 17 nm 的纳米粒子自组装而成的(见图 3-13(b))。选区电子衍射(ED)分析表明,组成产物的纳米粒子具有单晶结构。

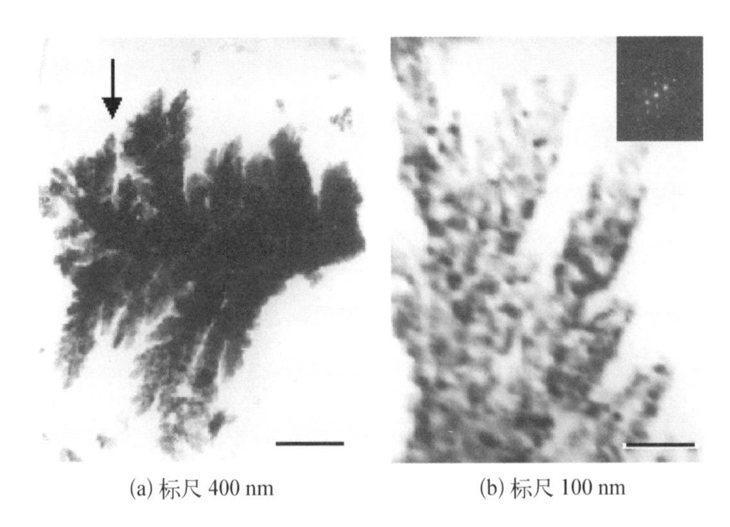

(a) 标尺 400 nm (b) 标尺 100 nm

图 3-13 树状 $BaSO_4$ 纳米超结构的 TEM 图(pH=7)

当反应体系的 pH=2 时,获得了海螺状的 $BaSO_4$ 仿生纳米超结构材料(见图 3-14(a))。该仿生纳米超结构材料是由直径约 16 nm 的 $BaSO_4$ 纳米粒子通过自组装而形成的(见图 3-14(b))。选区电子衍射(ED)分析表

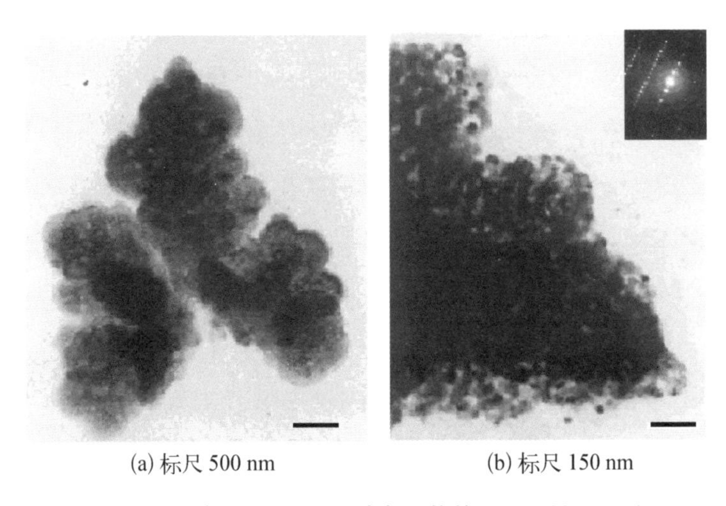

(a) 标尺 500 nm (b) 标尺 150 nm

图 3-14 海螺状 $BaSO_4$ 纳米超结构的 TEM 图(pH=2)

明，组成产物的纳米粒子具有单晶结构。

当加入乙二胺调节体系的 pH=12 时，获得了花状的 $BaSO_4$ 仿生纳米超结构材料，每个花瓣的中间部分约 80 nm，尖端约 30 nm（见图 3-15(a)）。组成该纳米超结构的纳米粒子尺寸约 18 nm（见图 3-15(b)），选区电子衍射分析表明，纳米粒子为单晶结构。

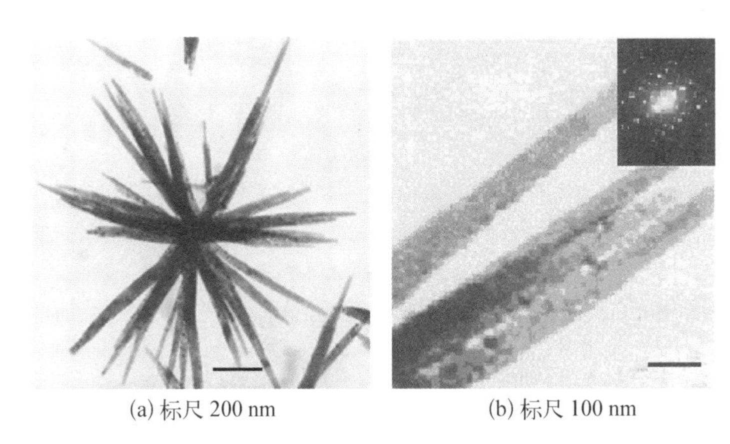

(a) 标尺 200 nm　　(b) 标尺 100 nm

图 3-15　花状 $BaSO_4$ 纳米超结构的 TEM 图(pH=12)

XRD 图谱分析表明，$BaSO_4$ 属于正交晶系结构，且纯度较高（JCPDS：24-1035 和 24-1035A）。根据 Debye-Scherrer 公式计算，三种例子的粒径分别为 16 nm（pH=7），15 nm(pH=2)，16 nm，与 TEM 的分析结果基本一致。

实验发现：① 比较适合的反应溶液的浓度范围为 0.05～0.1 mol/L。浓度过低影响合成效率，而如果浓度太高，容易造成膜板孔道的阻塞，因此，本节选择的反应溶液的浓度为 0.1 mol/L；② 将 Ba^{2+} 与 SO_4^{2-} 交换顺序放置在蛋膜的两侧，结果发现蛋膜两侧的产物生成量基本相同，这说明离子的放置位置对产物没有影响；③ 当利用 KOH 溶液调节体系的 pH 值时，我们发现产物的形貌与图 3-1 有些相似，这说明，乙二胺的加入对花状产物的获得具有重要的作用；④ 另外，我们还选择了一种不含有活性基团的半

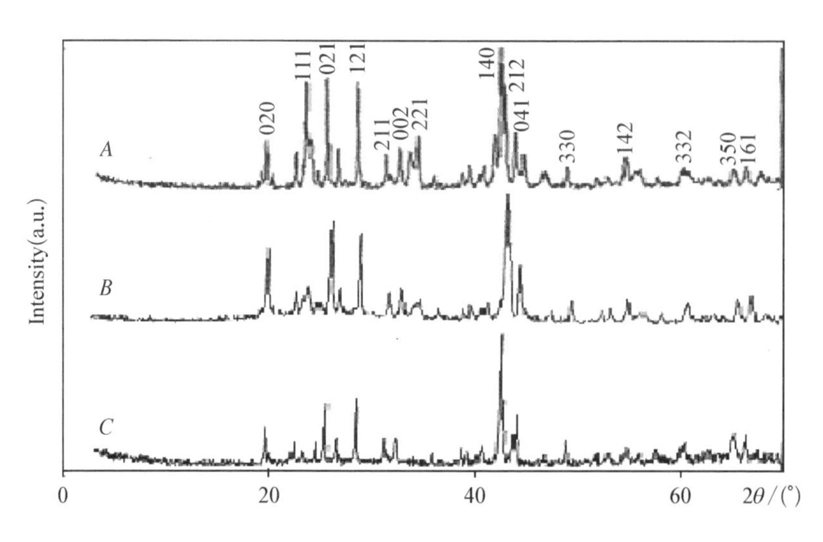

图 3-16　$BaSO_4$ 纳米超结构的 X-射线衍射图

A—pH=7；*B*—pH=2；*C*—pH=12(加入乙二胺)

透膜作为模板，结果未能获得上述形貌的产物，而是得到一些杂乱无章的粒子。

蛋膜具有直径 1.5～10 μm 的微孔网状结构，是由交织的直径平均约为2 μm的蛋白质纤维构成。蛋膜在蛋壳的生物矿化方面起到了关键作用，它的矿化机制相当复杂。我们考虑到蛋膜在 $BaSO_4$ 超结构方面的影响与生物矿化有某些类似之处。但是在实验中很难获得蛋膜对产物影响的直接数据。根据相关的文献，以下是推测的初步机理。蛋膜主要是由胶原质、糖蛋白和蛋白多糖构成。后两个大分子含有疏水基和亲水基。亲水基吸附钡离子，提供适当的 $BaSO_4$ 纳米粒子成核中心生长，分子内和分子间非化学键力对高分子的影响，例如氢键、静电力，均能对纳米粒子的生长起到诱导作用，控制产物的形貌。pH 值大概用来调节高分子的亲水基和疏水基，改变高分子结构，来最终导致模板结构的改变。这样蛋膜将控制晶体成核位置和纳米粒子自组装，最终控制产物的形貌。获得花瓣状产物可能是由于乙二胺的一端和膜表面基团起反应，另一端与钡离子发生作用，有利于纳米粒子的自组装。此外，蛋膜是半透性生物膜，它可以控制离子的传输，使得钡离子和 SO_4^{2-} 各自向另外一侧扩散，并在蛋膜孔道内相遇反应。

本节利用蛋膜作为诱导组装模板，通过改变模板所处的化学环境，成功获得了多种形貌的 $BaSO_4$ 仿生纳米超结构，证实了不同酸碱度条件下蛋膜的模板控制作用。蛋膜本身的多孔状结构、所处的化学环境及所加入的协同试剂，是影响产物形貌非常重要的三个因素。

3.4 协同模板控制合成铬酸钡纳米超结构及其光学性能研究

3.4.1 实验方法

在室温下制备 $BaCrO_4$ 纳米超结构。去除蛋壳外层矿物质后用去离子水清洗得到新鲜蛋膜。K_2CrO_4，$C_{12}H_{25}SH$ 均为分析纯。将 25 ml 0.1 M K_2CrO_4 的溶液和 25 ml 0.1 M $BaCl_2$ 溶液分别置于容器内蛋膜的两侧。在室温下保持 10 h 后获得产物。混合体系通过离心分离再依次通过去离子水和乙醇清洗，得到 $BaCrO_4$ 产物Ⅰ。

在上述制备体系的两侧溶液中分别加入 0.5～2 wt%的十二硫醇，其他条件不变，则得到产物Ⅱ。产物形貌用透射电子显微镜(TEM)和扫描电子显微镜进行观察，光学性质用红外光谱仪(FT - IR)、紫外—可见光分光光度计(UV - Vis)和 Perking Elmer LS - 55 荧光仪进行研究。

3.4.2 结果与讨论

产物Ⅰ的 TEM 图谱(见图 3 - 17)显示，产物为树状超结构形貌，组成超结构的每一个分支依然具有树枝状形貌，整体长度介于 6～10 μm 之间，该产物是由直径为 50～80 nm（见图 3－17(a)，(b)）的纳米粒子组装而成的。选区电子衍射表明纳米粒子为单晶结构。

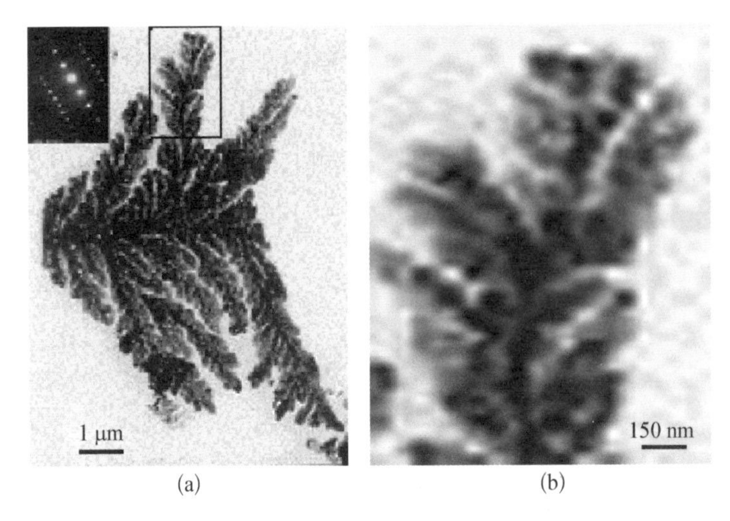

(a) (b)

图 3－17 鱼骨状 $BaCrO_4$ 纳米超结构的 TEM 图

产物Ⅱ是羽毛状(见图 3－18(a)，(b))，整体羽毛状结构是由直径约为 40～70 nm 的纳米粒子组装而成的，整体长度介于 30～50 μm 之间，小分支的长度介于 1.5～3 μm 之间。有关 $BaCrO_4$ 的这种形貌尚未见报道。

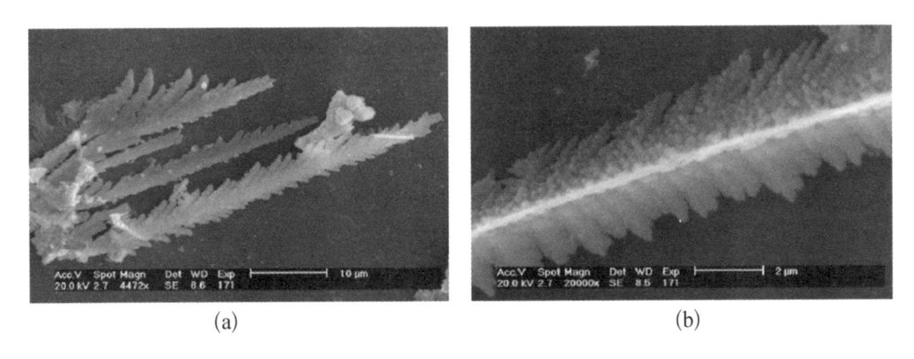

(a) (b)

图 3－18 羽毛状 $BaCrO_4$ 纳米超结构的 SEM 图

在铬酸钡纳米超结构制备过程中，较适宜的 $C_{12}H_{25}SH$ 添加浓度为 0.5～2 wt%。当添加的浓度低于这个范围时，协同作用效果不明显；而当浓度高于这个范围时，容易阻塞模板，造成实验失败。实验选择较适宜的时间为 10 h，当反应时间低于 6 h 时，产物尚未完全形成，如图 3－19(a)(陈化 3 h)所示。但反应时间过长也不好，时间过长容易造成粒子过生长，蛋膜也容易破损，如图 3－19(b)(陈化 16 h) 所示。当不以蛋膜作模板，而是选择胶原膜作为模板，则产物为不规则的形状，这说明蛋膜上的基团对产物的形成具有重要的作用。

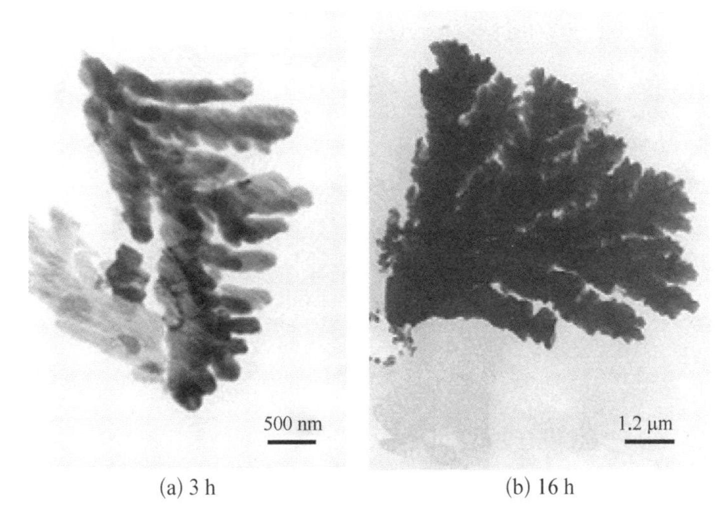

(a) 3 h　　(b) 16 h

图 3－19　不同反应时间下产物 $BaCrO_4$ 的 TEM 图

蛋膜的 SEM 图谱如图 3－20(a)所示。蛋膜具有半透性多孔结构，在蛋壳的生物矿化方面起到了关键的作用。蛋膜主要是由胶原蛋白、糖蛋白和蛋白多糖等构成。这些生物大分子含有亲水基和疏水基。亲水基吸附 Ba^{2+} 离子，并能够提供为 $BaCrO_4$ 的生长提供成核区域。在大分子通过分子内或分子间的非化学键力，例如氢键、静电力等，使得这些大分子具有不同的取向，以至于对纳米粒子的组装起作用。蛋膜还具有控制离子传输的作用，即对 Ba^{2+} 和 CrO_4^{2-} 向蛋膜的另外一侧扩散起到调控作用。这两种离子相遇，最终在蛋膜孔道内反应生成 $BaCrO_4$ 分子。十二烷基硫醇和多阴离子端(主要是羟基)在蛋膜上通过非化学键力相互作用，例如介于—SH

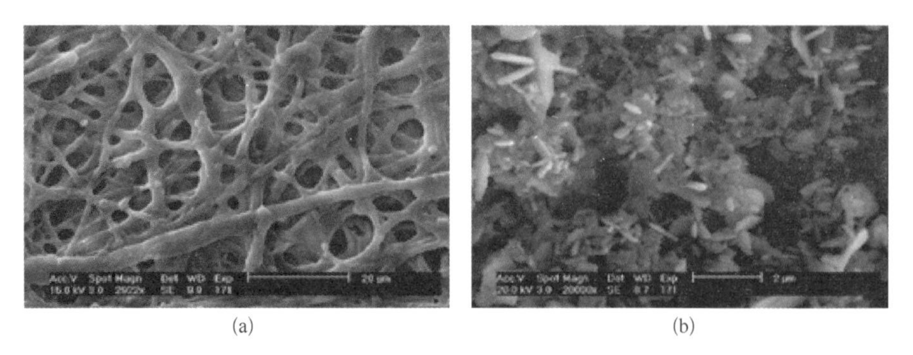
(a) (b)

图 3-20 鸡蛋膜表面的 SEM 图(a)和 $BaCrO_4$ 材料的 SEM 图(b)

和—OH 之间弱的氢键,吸附在蛋膜上,它可以影响纳米粒子的自组装。

3.4.3 光学性能

铬酸盐的光学特性与其结构中含有扭曲的 Cr(Ⅵ)为中心的 Td 对称有关,结构的不同将导致光学性质的差异,而材料的尺度、形貌对产物的光学性质也有影响,特别是当其尺寸达到纳米量级时,纳米微粒中电子与表面声子的共振强度、电子的带内迁移、带间跃迁以及电子的热运动等,光物理、光化学性质均与体材料不同。图 3-21 是 FT-IR 光谱。树枝状和羽

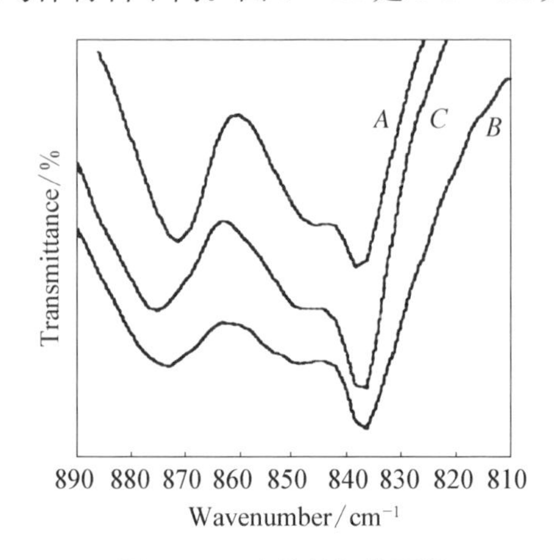

图 3-21 产物的红外图谱

A—体相材料; *B*—鱼骨状;*C*—羽毛状

毛状产物中的CrO_4^{2-}相对于体材料(自制,形貌如图 3-20(b)所示),特征吸收峰的峰位均略有不同。两种特殊形貌产物的荧光发射光谱和紫外吸收光谱谱带与体材料明显不同。

对于常规材料的铬酸钡来说,当激发光的波长为 310 nm 时,块体材料在 440 nm 处出现发射峰(见图 3-22 *A*),而树状产物的发射峰出现在 435 nm处,羽毛状产物的发射峰出现在 426 nm 处(见图 3-22 *B*,*C*)。产物的 UV-Vr 光谱也与常规材料不同,常规材料的吸收峰在 426 nm(见图 3-22 *A*)处,而树枝状产物的吸收峰出现在 381 nm,羽毛状产物的吸收峰出现在374 nm处 (见图 3-22 *B*,*C*),计算此时两种产物的带宽分别为 3.25 eV 和 3.31 eV。两种产物的吸收峰相对于体材料分别“蓝移”了 45 nm,52 nm,这可能是由于树枝状产物和羽毛状产物是由纳米粒子组装而成的,纳米材料的小尺寸效应和量子效应造成产物能带的加宽。产物的吸收峰形尖锐,由文献可知,紫外—可见光谱峰的形状与粒径大小分布图图形基本一致[92],这说明组装成产物的纳米粒子不仅尺寸较小,而且粒径较均一。

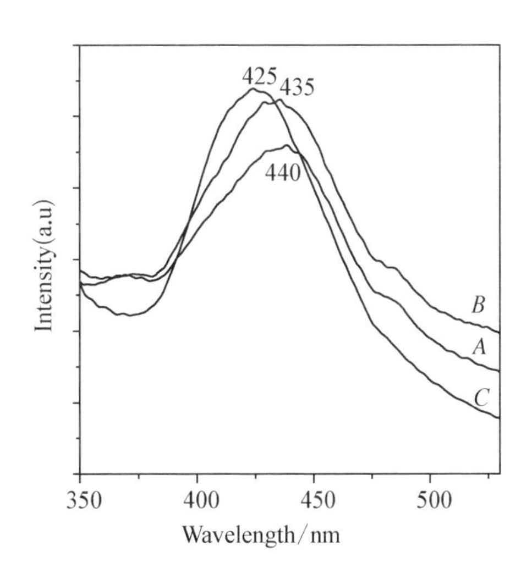

图 3-22　产物的荧光光谱

(激发波长 310 nm, *A*—体相材料; *B*—鱼骨状结构; *C*—羽毛状结构)

产物不仅具有特殊的形貌，而且还具有明显不同于常规材料的光学性质，因此，在器件的微观修饰和识别等方面具有潜在的应用价值。

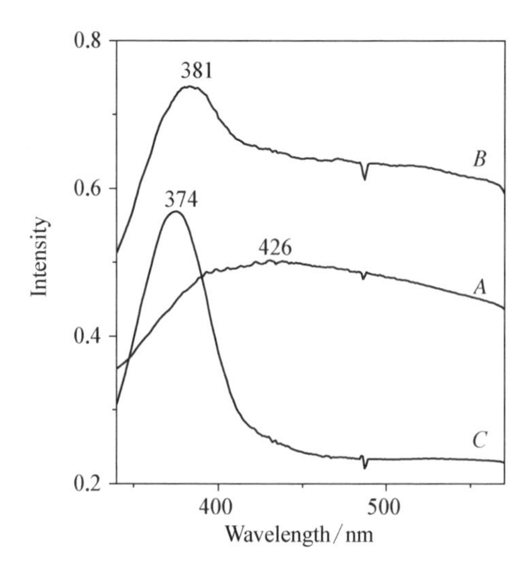

图 3-23　产物的紫外-可见光谱

A—体相材料；*B*—鱼骨状；*C*—羽毛状

本部分研究利用蛋膜作为基础模板，通过加入不同的有机协同试剂组成复杂的模板，成功地组装合成了羽毛状、树状仿生纳米超结构材料。虽然有关产物获得的机理还有待于进一步的探讨，但是，本节制备获得的产物具有明显不同于体材料的光学性质，完整的形貌可用于器件的微观修饰，该方法极为简单、可控，同时也为其他无机纳米超结构的制备提供了一种仿生合成新方法。

3.5　磷酸盐纳米带(线，片)超结构材料的组装合成及应用探索

3.5.1　实验方法

将蛋膜固定在容器中，将反应容器分成两部分。向蛋膜两侧分别加入

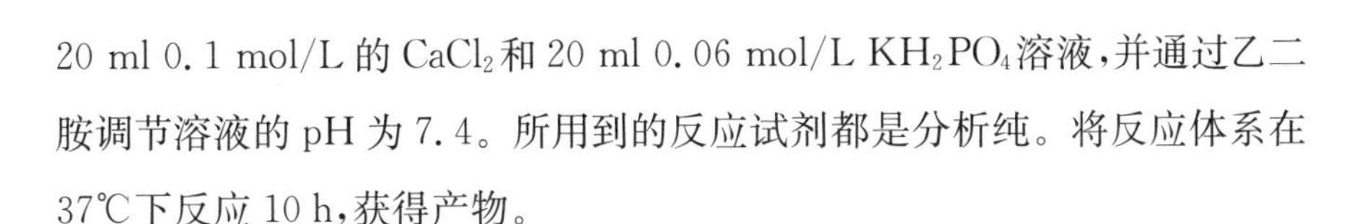

20 ml 0.1 mol/L 的 $CaCl_2$ 和 20 ml 0.06 mol/L KH_2PO_4 溶液，并通过乙二胺调节溶液的 pH 为 7.4。所用到的反应试剂都是分析纯。将反应体系在 37℃下反应 10 h，获得产物。

取羟基磷灰石 0.5 g 置于 10 ml 0.2% 荧光素水溶液中，超声振荡 30 min，然后用酒精多次清洗，直到洗液检测无荧光为止。

产物的形貌用透射电子显微镜(TEM)进行观察，结构用 X 射线粉末衍射仪进行分析。光学性质用傅里叶红外变化光谱仪(FT－IR)，Perking Elmer LS－55 荧光光度计进行分析。

3.5.2　结果与讨论

产物的透射电子显微镜图如图 3－24(a)所示，产物为直径约 2.5 μm 的球体。该球是由众多的纳米带纵横交错而成的(见图 3－24(b))，延伸在球体外部的纳米带的产物约为 1.1 μm。选区电子衍射(ED)结果表明，纳米带为单晶结构(见图 3－24(c))。由于该球具有多孔性结构，且主体由纳米带组装而成，不仅具有较大的表面积，而且表面含有众多的羟基基团，容易与含有极性基团的有机物结合。

通过电子束的照射，能够将羟基磷灰石纳米带球转化为实心球。图 3－24(a)是一个未经电子束照射的产物形貌图，球的主体直径约为 2.5 μm(见图3－25(a))。该球经过电子束照射几秒钟后，转化成实心的球体，此时球的直径约为 2.3 μm，略小于球的主体直径(见图 3－25(c))。这是由于纳米带球球体受到高能量电子束照射产生收缩的结果。在材料的实际应用中，可以根据实际要求，将纳米带球转化为实心球。

产物的 XRD 图谱如图 3－26 所示，产物属于羟基磷灰石 $Ca_5(PO_4)_3(OH)$，晶胞参数 $a=9.418$ Å，$c=6.884$ Å (JC－PDS 9－432)。从 XRD 图可以看出，产物的衍射峰出现了较为明显的宽化，这可能是由于材料尺寸达到纳米量级造成的。

(a) (b) (c)

(d) (e)

图 3-24 产物的 TEM 图和 ED 谱[(a),(b),(c)]和通过羟基磷灰石纳米带球的 SEM 图[(d),(e)]

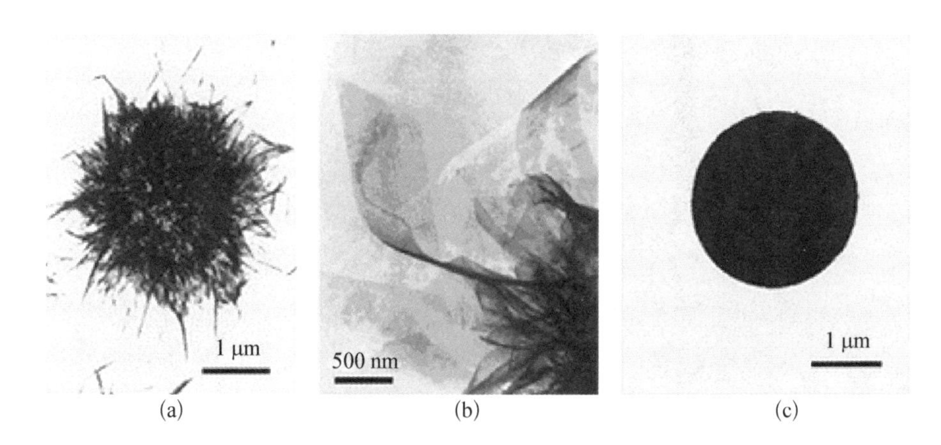

(a) (b) (c)

图 3-25 羟基磷灰石纳米带球的 TEM 图

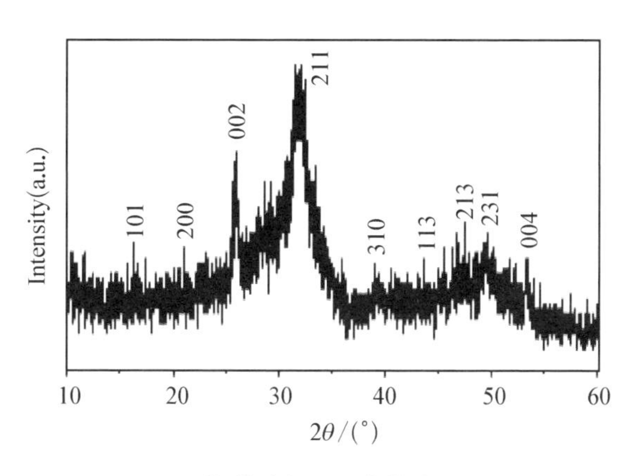

图3-26 羟基磷灰石纳米带球的XRD图

从FT-IR图谱可以看出，常规羟基磷灰石的V_{P-O}振动峰在1 040 cm^{-1}左右，而组装球的吸收峰同块体材料相比，不仅出现较为明显的宽化，而且向高波数略有移动(见图3-27)。这是材料微观尺寸达到纳米化，纳米材料的小尺寸效应、界面效应等的综合作用，造成V_{P-O}振动能量增大，从而使吸收峰出现了较明显的宽化。

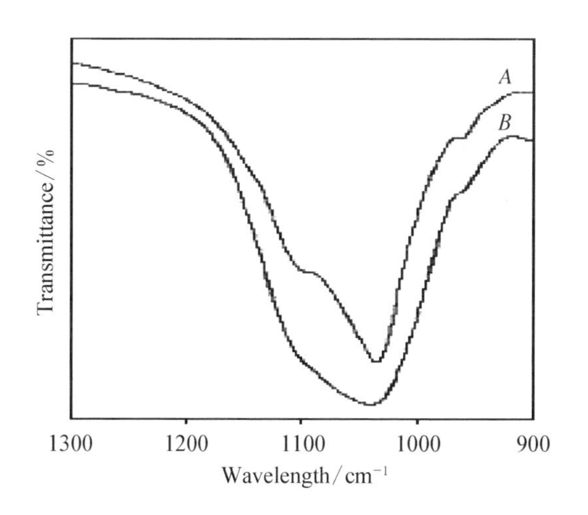

图3-27 产物的红外图谱

A—体相材料；*B*—羟基磷灰石纳米带球

3.5.3 不同反应条件对产物的影响

1. 反应时间对产物的影响

为了研究组装球的生长机理，分别对不同反应时间的产物进行了形貌研究。在反应的起始阶段(0.5 h)，获得的是比较凌乱的纳米带，这些纳米带的长度在200～250 nm之间(见图3-28(a))，同时已经具有了向球体组装的趋势。当反应进行到4 h时(见图3-28(b))，得到的产物近似为球形，但是结构较为松散，球体的直径约为1.9 μm。当反应进行到10 h时，获得了较为完整的组装球。如果继续放置，则组装球将会继续长大，球中心更加致密。当陈化时间达到两天时，纳米带之间交错已经非常致密，外延的纳米带已经变得很短，有200 nm左右。从不同时间段的产物形貌图可以推测，产物是首先形成长度较小的纳米带，然后再慢慢聚集，初步形成一个个球心，再慢慢组装，形成球体。

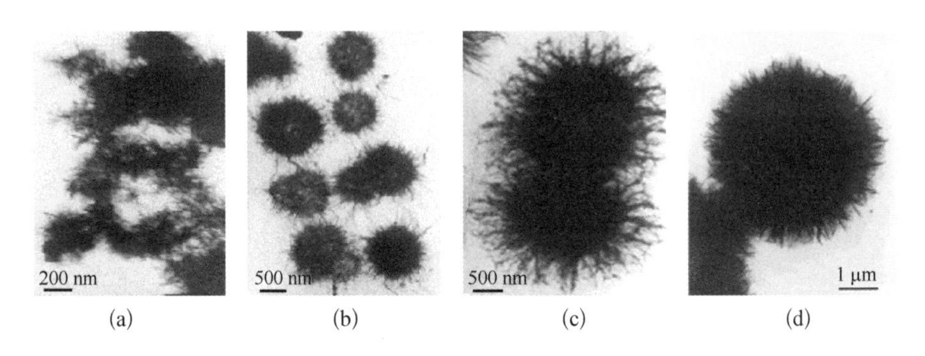

(a) (b) (c) (d)

图3-28 羟基磷灰石纳米带球的TEM图

(反应时间:(a) 1 h; (b) 4 h;(c) 10 h;(d) 2 d)

2. 反应温度

本节选择的制备温度为37℃。当反应体系的温度为0℃时，虽然也有羟基磷灰石球体产生，但此时球的产物的尺寸明显变小，整个球的diameter

范围在 1.6 μm，比生理温度下小很多(见图 3－29)。其原因一方面是由于温度影响反应离子的扩散速度及纳米带的组装速度，另一方面，可能是在 37℃条件下，蛋膜上的活性基团活性高，更有利于蛋膜发挥其诱导组装作用。

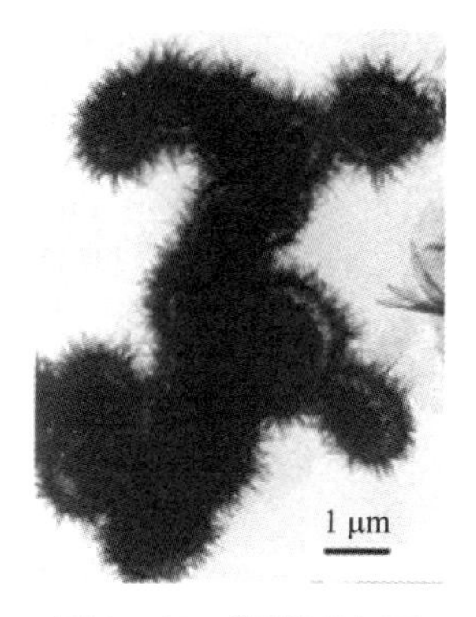

图 3－29　羟基磷灰石的 TEM 图

(温度 0℃)

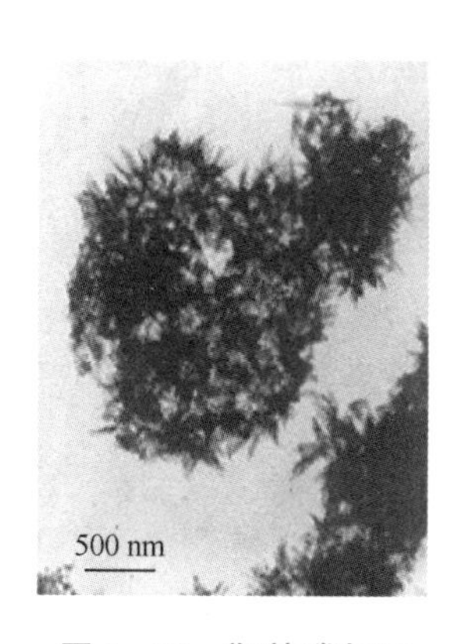

图 3－30　羟基磷灰石的 TEM 图

(加入 KOH 至 pH＝7.4)

3. *有机碱试剂的影响*

本节通过有机碱(乙二胺)调节体系的 pH 为 7.4。当改用氢氧化钾溶液调节体系的 pH 时，产物不再为纳米带组装球，而是获得大小约为300 nm 的片(见图 3－30)。这表面有机碱在纳米带球的获得中起到了重要的作用。这可能是乙二胺($NH_2CH_2CH_2NH_2$)不仅起到了调节溶液 pH 值的作用，同时会与蛋膜表面基团如—COOH，—NH_2 等，通过氢键等作用结合，起到辅助模板的作用。

4. *反应机理初探*

羟基磷灰石纳米带球的形成是“有机组装机理”[94-97]。实验中，我们获得了不同阶段产物共存的 TEM(见图 3－31(a))和 SEM(见图 3－32(b))，为产物的组装机理提供了更为有利的证据。蛋膜具有直径 1.5～10 μm 的微孔网状结构，是由交织的直径平均约为 2 μm 的蛋白质纤维构成。蛋膜主要包含胶原蛋白、蛋白多糖、糖蛋白等。这些大分子含有氨基、羧基、羟基等极性基团，对晶体生长起到取向诱导作用。同时，这些极性基团能够与乙二胺通过氢键等作用，共同作为模板，诱导产物的组装。

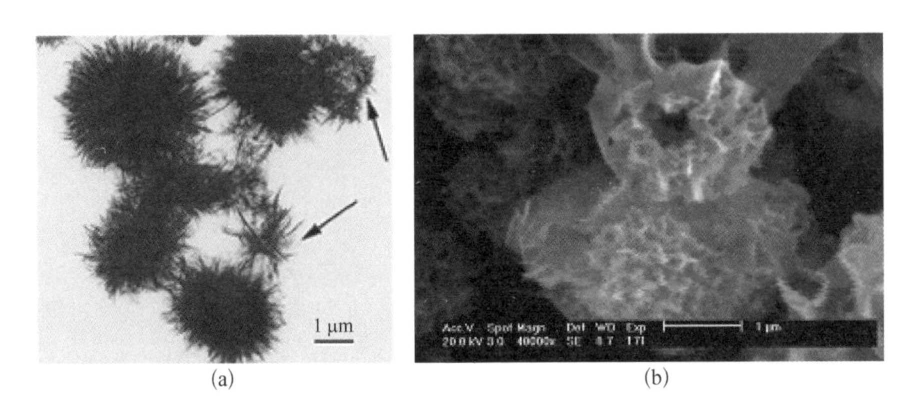

图 3-31　羟基磷灰石纳米带球的 TEM 图(a)和 SEM 图(b)

3.5.4　荧光探针的制备

荧光素分子式为 $C_{20}H_{12}O_5$ （结构式为：HO　O　O　COOH）。

通过荧光素修饰后的获得的荧光探针直径约为 2.1 μm，远小于未修饰过的产物，其原因是由于外层荧光素的包附作用，使构成组装的纳米带向中心部分靠拢，体积缩小致接近于实心球(见图 3-32(a))。产物上含有许多—OH，而荧光素上含有—COOH，同时体系 pH 为弱酸性，且处于微波振动的条件下，有可能会发生少量的—OH 与—COOH 的酯化反应。另外，产物是通过纳米带相互交错形成的多孔结构，裸露的表面积很大，且其上有很多的羟基，荧光素与纳米带之间形成多个氢键，再加上纳米带的表面吸附作用,从而使荧光素牢牢地包附在球体的表面,此时,包附层与内部空心球间的差别已经很难区别(如图 3 - 32(b)箭头所示)。

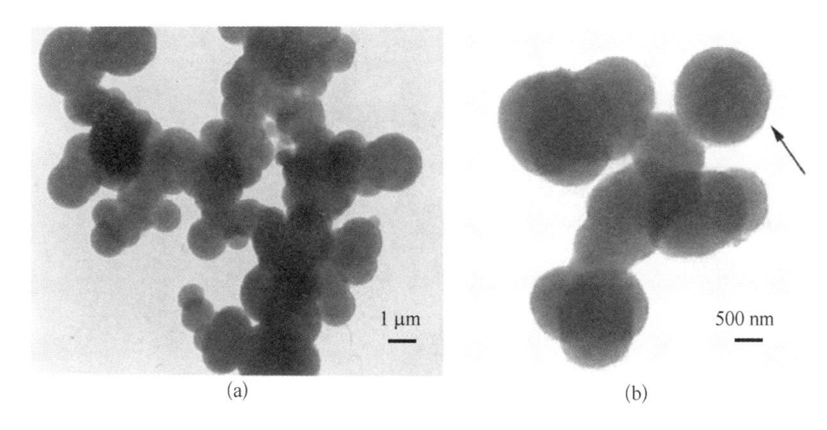

图 3 - 32　荧光素修饰后羟基磷灰石纳米带球的 TEM 图

修饰后的产物已经经过多次乙醇冲洗,排除了荧光素简单附着在球体表面的荧光素的可能。为了进一步验证荧光素是与羟基磷灰石通过多重氢键结合的,又对修饰前后的产物进行了荧光发射光谱测定。结果发现,纳米带球本身不具有光致发光性能,经过荧光素修饰后的荧光探针已经具有较强的光致发光性能(见图 3 - 33)。当激发光波长为 314 nm,荧光探针发射出 514 nm 的绿光,与荧光素发射峰位置(511 nm)略有不同,这是由于荧光探针发光体与荧光素所处的化学环境不同,氢键等化学键的形成造成了荧光素配位环境发生变化,以至于电子在荧光素分子共轭体系上的分布不同,导致电子跃迁能带发生了变化。

本部分研究以具有生物活性的蛋膜为模板,在室温条件下,一步合成了羟基磷灰石纳米带组装球。该球与有机物质之间具有良好的亲和能力,能够将有机物通过物理—化学作用牢固地结合在一起,利用纳米组装超结构的这一性质,本部分还成功制备了以该带球为基质的荧光探针,为该组装带球在药物携带、生物荧光探针等领域的应用提供了一条重要的思路。

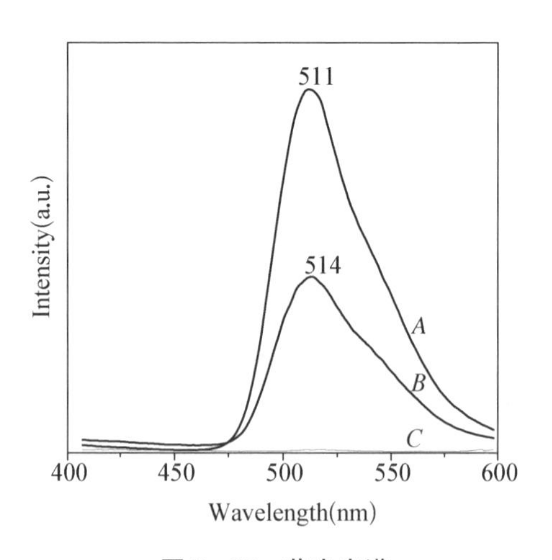

图 3-33 荧光光谱

A—荧光素；*B*—荧光探针；*C*—纳米球（激发波长 383 nm）

另外，利用本节提供的方法，以 KH_2PO_4 和 $SrCl_2$ 为原料，通过加入乙二胺，调节体系的 pH 为 10，获得了如图 3-34 所示的产物 $Sr_3(PO_4)_2$。

图 3-34 产物 $Sr_3(PO_4)_2$ 的 TEM 图(a)和 ED 谱(b)

由于获得的羊毛球是多个堆积在一起，通过 SEM 可以看到更为直观的产物形貌图。图 3-35(a)为产物的 SEM 图，从图中可以看出，产物呈羊毛球状，直径在 1.8 μm 左右（见图 3 - 35(b)），每个球体是由类似于羊毛状的纳米丝组装而成的。

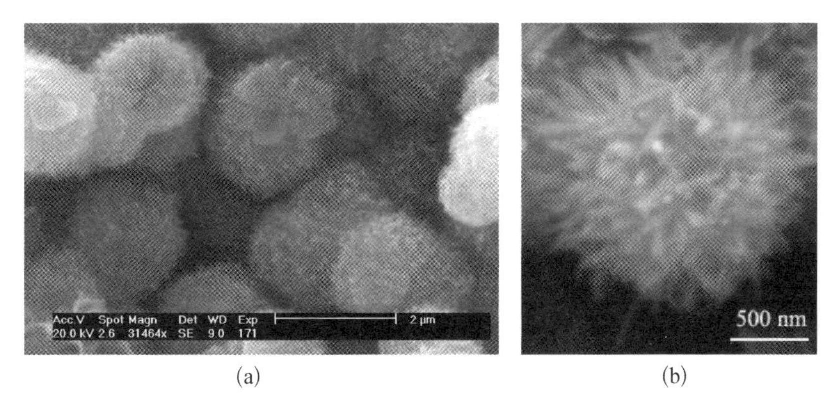

(a)　　(b)

图 3 - 35　产物 $Sr_3(PO_4)_2$ 的 SEM 图

通过对比发现，如果改用无机碱调节溶液的 pH，则得不到球状产物，而是获得片状的产物（见图 3 - 36）。

(a)　　(b)

图 3 - 36　产物 $Sr_3(PO_4)_2$ 的 SEM 图（加入 KOH 至 pH=10）

利用同样的方法，以 KH_2PO_4 和 $BaCl_2$ 为原料，通过加入乙二胺，调节体系的 pH 为 10，获得了如图 3 - 37 所示的产物 $Ba_3(PO_4)_2$。从图中可以看出，产物是由纳米晶组成的球体，直径在 1 μm 左右。

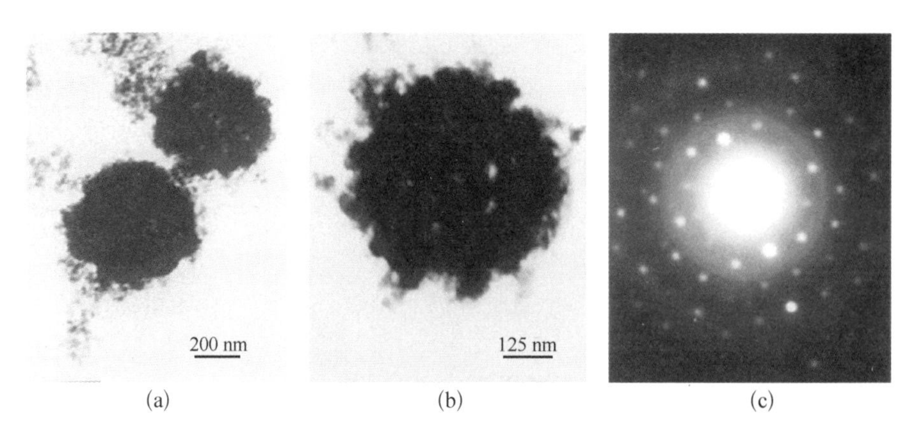

(a) (b) (c)

图 3-37 产物 $Ba_3(PO_4)_2$ 的 TEM 图和 ED 谱

3.6 本章小结

本章以生物蛋膜为基础模板，通过与有机试剂的协同作用，成功获得了Ⅰ—Ⅵ族半导体硫化物纳米材料和碱土族硫酸盐、铬酸盐、磷酸盐纳米超结构材料。并以获得的羟基磷灰石纳米带组装球为基础，成功进行了荧光修饰，为开发其在纳米器件领域的应用做了有益的探索。总结本章主要完成了以下几个方面的工作：

(1) 合成出了Ⅰ—Ⅵ族半导体硫化物纳米晶，对产物的光学性能就行了研究，并探讨了产物的形成机理；

(2) 首次在温和的条件下合成了硫酸钡纳米管，并对产物的形成机理进行了较为深入的探讨，对于无机含氧酸盐纳米管的制备具有借鉴意义；

(3) 以蛋膜为模板，通过与加入试剂的协同作用，成功获得了树状、海螺状、花瓣状等有纳米粒子组装而成的硫酸钡纳米超结构和树状、羽毛状铬酸钡纳米超结构材料，并对产物的形成机理做了探讨；

(4) 对合成出的铬酸钡纳米超结构材料光学性质研究表明，产物具有明显不同于体材料的光学性质；

(5) 首次合成出了纳米带组装而成的磷酸钙纳米带组装球体，并对其成功进行了荧光修饰，可用于生物荧光探针材料等方面。

参考文献

[1] Sun X, Li Y. Synthesis and characterization of ion-exchangeable titanate nanotubes[J]. Chemistry, 2003, 9(10): 2229 - 2238.

[2] Peng Q, Dong Y, Deng Z, et al. Selective synthesis and characterization of CdSe nanorods and fractal nanocrystals[J]. Inorganic Chemistry, 2002, 41(20): 5249 - 5254.

[3] Kwan S, Kim F, Akana J, et al. Synthesis and Assembly of $BaWO_4$ Nanorods [J]. Chemical Communications, 2001, 5(5): 447 - 448.

[4] Gao. F, Qingyi Lu. A, Zhao D. Controllable Assembly of Ordered Semiconductor Ag2S Nanostructures[J]. Nano Letters, 2003, 3(1): 85.

[5] Adamski T. Some Features of the Precipitation of Barium Chromate by an Extra-slow Technique[J]. Nature, 1961, 190(4775): 524.

[6] Hall S R, Davis S A, Mann S. Cocondensation of Organosilica Hybrid Shells on Nanoparticle Templates: A Direct Synthetic Route to Functionalized Core-Shell Colloids[J]. Langmuir, 2000, 16(3): 1454 - 1456.

[7] Yu S H, Cölfen H, Antonietti M. The Combination of Colloid-Controlled Heterogeneous Nucleation and Polymer-Controlled Crystallization: Facile Synthesis of Separated, Uniform High-Aspect-Ratio Single-Crystalline $BaCrO_4$, Nanofibers[J]. Advanced Materials, 2003, 15(2): 133 - 136.

[8] Li M, Schnablegger H, Mann S. Coupled synthesis and self-assembly of nanoparticles to give structures with controlled organization[J]. Nature, 1999, 402(6760): 393 - 395.

[9] Yu S H, Cölfen H, Antonietti M. Polymer-Controlled Morphosynthesis and

Mineralization of Metal Carbonate Superstructures[J]. Journal of Physical Chemistry B, 2003, 107(30): 7396-7405.

[10] Yuan J, Laubernds K, Zhang Q, et al. Self-assembly of microporous manganese oxide octahedral molecular sieve hexagonal flakes into mesoporous hollow nanospheres[J]. Journal of the American Chemical Society, 2003, 125(17): 4966-4967.

[11] Wang D, Caruso F. Fabrication of Polyaniline Inverse Opals via Templating Ordered Colloidal Assemblies[J]. Advanced Materials, 2001, 13(5): 350-354.

[12] Caruso F, Edwin Donath A, Möhwald H. Influence of Polyelectrolyte Multilayer Coatings on Förster Resonance Energy Transfer between 6-Carboxyfluorescein and Rhodamine B-Labeled Particles in Aqueous Solution[J]. Journal of Physical Chemistry B, 1998, 102(11).

[13] Duan H, Chen D, Jiang M, et al. Self-assembly of unlike homopolymers into hollow spheres in nonselective solvent[J]. Journal of the American Chemical Society, 2001, 123(48): 12097-12098.

[14] Fowler C E, Khushalani D, Mann S. Interfacial synthesis of hollow microspheres of mesostructured silica[J]. Chemical Communications, 2001, 19(19): 2028.

[15] Bommel K J C V, Jung J H, Shinkai S. Poly(L-lysine) Aggregates as Templates for the Formation of Hollow Silica Spheres[J]. Advanced Materials, 2001, 13(19): 1472-1476.

[16] Tsapis N, Bennett D, Jackson B, et al. Trojan particles: Large porous carriers of nanoparticles for drug delivery[J]. Proceedings of the National Academy of Sciences of the United States of America, 2002, 99(19): 12001-12005.

[17] Bowden N, Terfort A, Carbeck J, et al. Self-Assembly of Mesoscale Objects into Ordered Two-Dimensional Arrays[J]. Science, 1997, 276(5310): 233.

[18] Gracias D H, Tien J, Breen T L, et al. Forming electrical networks in three dimensions by self-assembly[J]. Science, 2000, 289(5482): 1170-1172.

[19] Grzybowski B A, Whitesides G M. Dynamic Aggregation of Chiral Spinners[J].

Science, 2002, 296(5568): 718.

[20] Mao C, Thalladi V R, Wolfe D B, et al. Dissections: self-assembled aggregates that spontaneously reconfigure their structures when their environment changes [J]. Journal of the American Chemical Society, 2002, 124(49): 14508.

[21] Wu H, Thalladi V R, Whitesides G M. Design of self-assembly to form various three-dimensional lattices of spheres[J]. J. am. chem. soc, 2002, 124: 14495.

[22] Smith P A, Nordquist C D, Jackson T N, et al. Electric-field assisted assembly and alignment of metallic nanowires[J]. Applied Physics Letters, 2000, 77(9): 1399 - 1401.

[23] Kovtyukhova N I, Mallouk T E. Nanowires as Building Blocks for Self-Assembling Logic and Memory Circuits [J]. Chemistry, 2002, 8 (19): 4354 - 4363.

[24] Love J C, Urbach A R, Prentiss M G, et al. Three-dimensional self-assembly of metallic rods with submicron diameters using magnetic interactions[J]. Journal of the American Chemical Society, 2003, 125(42): 12696.

[25] Urbach A R, Love J C, Prentiss M G, et al. Sub - 100 nm confinement of magnetic nanoparticles using localized magnetic field gradients[J]. Journal of the American Chemical Society, 2003, 125(42): 12704.

[26] Pileni, M. - P. Nanocrystal self-assemblies: Fabrication and collective properties. J. Phys. Chem. B 105, 3358 - 3371.

[27] Cölfen H, Mann S. Higher-order organization by mesoscale self-assembly and transformation of hybrid nanostructures[J]. Angewandte Chemie, 2003, 42 (21): 2350 - 2365.

[28] Velikov K P, Christova C G, Dullens R P A, et al. Layer-by-Layer Growth of Binary Colloidal Crystals[J]. Science, 2002, 296(5565): 106.

[29] Kim F, Kwan S, Akana J, et al. Langmuir-Blodgett nanorod assembly[J]. Journal of the American Chemical Society, 2001, 123(18): 4360.

[30] Yang P. Nanotechnology: Wires on water[J]. Nature, 2003, 425(6955):

243 - 244.

[31] Dongmok Whang, Jin. S, Wu, et al. Large-Scale Hierarchical Organization of Nanowire Arrays for Integrated Nanosystems[J]. Nano Letters, 2003, 3(9): 253 - 256.

[32] Dinsmore A D, Ming F H, Nikolaides M G, et al. Colloidosomes: Selectively Permeable Capsules Composed of Colloidal Particles[J]. Science, 2002, 298 (5595): 1006 - 1009.

[33] Park S, Lim J H, Chung S W, et al. Self-assembly of mesoscopic metal-polymer amphiphiles[J]. Science, 2004, 303(5656): 348.

[34] Caruso F, Caruso R A, Möhwald H. Nanoengineering of Inorganic and Hybrid Hollow Spheres by Colloidal Templating[J]. Science, 1998, 282(5391): 1111.

[35] Caruso F, Shi X, Caruso R A, et al. Hollow Titania Spheres from Layered Precursor Deposition on Sacrificial Colloidal Core Particles[J]. Advanced Materials, 2001, 13(10): 740 - 744.

[36] Breen M L, Dinsmore A D, Pink R H, et al. Sonochemically Produced ZnS-Coated Polystyrene Core-Shell Particles for Use in Photonic Crystals[J]. Langmuir, 2001, 17(3): 903 - 907.

[37] Kim C, Choi Y S, Lee S M, et al. The effect of gas adsorption on the field emission mechanism of carbon nanotubes[J]. Journal of the American Chemical Society, 2002, 124(33): 9906 - 9911.

[38] Dai Z, Dähne L, Möhwald H, et al. Novel capsules with high stability and controlled permeability by hierarchic templating[J]. Angewandte Chemie International Edition, 2002, 41(21): 4019 - 4022.

[39] Nakashima T, Kimizuka N. Interfacial synthesis of hollow TiO_2 microspheres in ionic liquids[J]. Journal of the American Chemical Society, 2003, 125 (21): 6386.

[40] Fowler C E, Khushalani D, Mann S. Interfacial synthesis of hollow microspheres of mesostructured silica[J]. Chemical Communications, 2001, 19(19): 2028.

[41] Schacht S, Huo Q, Voigt-Martin I G, et al. Oil-Water Interface Templating of Mesoporous Macroscale Structures[J]. Science, 1996, 273(5276): 768 - 771.

[42] Dominic Walsh, Benedicte Lebeau, Stephen Mann. Morphosynthesis of Calcium Carbonate (Vaterite) Microsponges[J]. Advanced Materials, 1999, 11(4): 324 - 328.

[43] Michael S. Wong, Jennifer N. Cha, KyoungShin Choi, et al. Assembly of Nanoparticles into Hollow Spheres Using Block Copolypeptides[J]. Nano Letters, 2002, 2(6): 583 - 587.

[44] Sun Q, Kooyman P J, Grossmann J G, et al. The Formation of Well-Defined Hollow Silica Spheres with Multilamellar Shell Structure[J]. Advanced Materials, 2010, 15(13): 1097 - 1100.

[45] Matsuzawa Y, Kogiso M, Matsumoto M, et al. Hydrophilic Interface-Directed Self-Assembly of Bola-Form Amide into Hollow Spheres[J]. Advanced Materials, 2003, 15(17): 1417 - 1420.

[46] Dong Y, Peng Q, Ruji Wang A, et al. Synthesis and Characterization of an Open Framework Gallium Selenide: Ga4Se7(en)2 • (enH)2[J]. Inorganic Chemistry, 2003, 42(6): 1794 - 1796.

[47] Changzheng Wu, Yi Xie, Dong Wang. Selected-Control Hydrothermal Synthesis of γ - MnO_2 3D Nanostructures[J]. J. Phys. Chem: b, 2003(49): 13583 - 13587.

[48] Shuhong Yu, †, Helmut Cölfen ‡, Anwu Xu § A, et al. Complex Spherical $BaCO_3$ Superstructures Self-Assembled by a Facile Mineralization Process under Control of Simple Polyelectrolytes[J]. Crystal Growth & Design, 2004, 4(1): 33 - 37.

[49] Caruso R A, Andrei Susha † A, Caruso F. Multilayered Titania, Silica, and Laponite Nanoparticle Coatings on Polystyrene Colloidal Templates and Resulting Inorganic Hollow Spheres[J]. Chemistry of Materials, 2001, 13(2): 400 - 409.

[50] Liang Z, Susha A, Caruso F. Gold Nanoparticle-Based Core-Shell and Hollow

Spheres and Ordered Assemblies Thereof[J]. Chemistry of Materials, 2003, 15(2003): 3176 - 3183.

[51] Fleming M S, Mandal T K, Walt D R. Nanosphere-Microsphere Assembly: Methods for Core-Shell Materials Preparation[J]. Chemistry of Materials, 2001, 13(6): 2210 - 2216.

[52] Liu B, Zeng H C. Mesoscale organization of CuO nanoribbons: formation of "dandelions"[J]. Journal of the American Chemical Society, 2004, 126(26): 8124 - 5.

[53] S. Iijima Hellical microtubules of graphitic carbon[J]. Nature, 1991, 354: 56.

[54] Li Y, Wang J, Deng Z, et al. Bismuth nanotubes: a rational low-temperature synthetic route[J]. Journal of the American Chemical Society, 2001, 123(40): 9904 - 9905.

[55] Wang X, Sun X, Yu D, et al. Rare Earth Compound Nanotubes[J]. Advanced Materials, 2003, 15(17): 1442 - 1445.

[56] Fan R, Wu Y, Li D, et al. Fabrication of silica nanotube arrays from vertical silicon nanowire templates[J]. Journal of the American Chemical Society, 2003, 125(18): 5254 - 5255.

[57] Liu S M, Gan L M, Liu L H, et al. Synthesis of Single-Crystalline TiO_2 Nanotubes[J]. Chemistry of Materials, 2002, 14(3): 1391 - 1397.

[58] Chen J, Li S L, Tao Z L, et al. Low-temperature synthesis of titanium disulfide nanotubes[J]. Chemical Communications, 2003, 9(8): 980.

[59] Zhang Z L, Wu Q S, Ding Y P. Inducing synthesis of CdS nanotubes by PTFE template[J]. Inorganic Chemistry Communications, 2003, 6(11): 1393 - 1394.

[60] Nath M, Rao C N. New metal disulfide nanotubes[J]. Journal of the American Chemical Society, 2001, 123(20): 4841 - 4842.

[61] Brorson M, Hansen T W, Jacobsen C J. Rhenium(IV) sulfide nanotubes[J]. Journal of the American Chemical Society, 2002, 33(50): 11582.

[62] Lu Q, Gao F, Zhao D. One-Step Synthesis and Assembly of Copper Sulfide

Nanoparticles to Nanowires, Nanotubes, and Nanovesicles by a Simple Organic Amine-Assisted Hydrothermal Process[J]. Nano Letters, 2002, 2(7): 725.

[63] Renzhi Ma, Yoshio Bando, Hongwei Zhu, et al. Hydrogen Uptake in Boron Nitride Nanotubes at Room Temperature[J]. Journal of the American Chemical Society, 2002, 124(26): 7672 - 7673.

[64] Xianbao Wang, Yunqi Liu, Daoben Zhu, et al. Controllable Growth, Structure, and Low Field Emission of Well-Aligned CNx Nanotubes[J]. Journal of Physical Chemistry B, 2002, 106(9): 2186 - 2190.

[65] Bakkers E P, Verheijen M A. Synthesis of InP nanotubes[J]. Journal of the American Chemical Society, 2003, 125(12): 3440 - 3441.

[66] Han W, Kohler-Redlich P, Scheu C, et al. Carbon Nanotubes as Nanoreactors for Boriding Iron Nanowires [J]. Advanced Materials, 2000, 12 (18): 1356 - 1359.

[67] Bernadette A. Hernandez, Ki-Seog Chang, Ellen R. Fisher, and Peter K. Dorhout Chem. Mater., 2002,14: 480.

[68] Fang Y P, Xu A W, Song R Q, et al. Systematic Synthesis and Characterization of Single-Crystal Lanthanide Orthophosphate Nanowires [J]. Journal of the American Chemical Society, 2003, 125(51): 16025 - 16034.

[69] Anwu Xu, Yueping Fang, Liping You A, et al. A Simple Method to Synthesize $Dy(OH)_3$ and Dy_2O_3 Nanotubes[J]. Journal of the American Chemical Society, 2003, 125(6): 1494.

[70] Millet P, Henry J Y, Mila F, et al. Vanadium(IV)- Oxide Nanotubes: Crystal Structure of the Low-Dimensional Quantum Magnet Na 2V 3O 7[J]. Journal of Solid State Chemistry, 1999, 147(2): 676 - 678.

[71] And J D, Jacobson A J. Mesostructured Lamellar Phases Containing Six-Membered Vanadium Borophosphate Cluster Anions[J]. Chemistry of Materials, 2001, 13(7): 2436 - 2440.

[72] Chopra N G, Luyken R J, Cherrey K, et al. Boron Nitride Nanotubes[J].

Science, 1995, 269(5226): 966 - 967.

[73] Tomoko K, Masayoshi H, Akihiko H, et al. Formation of Titanium Oxide Nanotube[J]. Langmuir, 1998, 14(12): 3160 - 3163.

[74] Spector M S, Selinger J V, Singh A, et al. Controlling the Morphology of Chiral Lipid Tubules[J]. Langmuir, 1998, 14(13): 3493 - 3500.

[75] Hincke M T, Gautron J, Panheleux M, et al. Identification and localization of lysozyme as a component of eggshell membranes and eggshell matrix[J]. Matrix Biology Journal of the International Society for Matrix Biology, 2000, 19(5): 443.

[76] Ajikumar P K, Lakshminarayanan R, Ong B T, et al. Eggshell matrix protein mimics: designer peptides to induce the nucleation of calcite crystal aggregates in solution[J]. Biomacromolecules, 2003, 4(5): 1321.

[77] Wu T M, Rodriguez J P, Fink D J, et al. Crystallization studies on avian eggshell membranes: implications for the molecular factors controlling eggshell formation[J]. Matrix Biology Journal of the International Society for Matrix Biology, 1995, 14(6): 507.

[78] Li Y, Wang Z, Ding Y. Room Temperature Synthesis of Metal Chalcogenides in Ethylenediamine[J]. Inorganic Chemistry, 1999, 38(21): 4737 - 4740.

[79] Li Y, Ding Y, Liao H, et al. Room-temperature conversion route to nanocrystalline mercury chalcogenides HgE (E = S, Se, Te)[J]. Journal of Physics & Chemistry of Solids, 1999, 60(7): 965 - 968.

[80] Deng Z X, Wang C, Xiaoming Sun A, et al. Structure-Directing Coordination Template Effect of Ethylenediamine in Formations of ZnS and ZnSe Nanocrystallites via Solvothermal Route[J]. Inorganic Chemistry, 2002, 41(4): 869 - 873.

[81] Zhang D, Qi L, Cheng H, et al. Preparation of ZnS nanorods by a liquid crystal template[J]. Journal of Colloid & Interface Science, 2002, 246(2): 413 - 416.

[82] Zeng J H, Yang J, Qian Y T. A novel morphology controllable preparation

method to HgS[J]. Materials Research Bulletin, 2001, 36(1-2): 343-348.

[83] 舒磊,俞书宏. 半导体硫化物纳米微粒的制备[J]. 无机化学学报,1999,15(1): 1-7.

[84] 倪永红,葛学武,刘华蓉,等. 硫化银纳米晶的γ辐射制备[J]. 高等学校化学学报,2002,23(2): 176-178.

[85] Wu Q, Zheng N, Li Y, et al. Preparation of nanosized semiconductor CdS particles by emulsion liquid membrane with o-phenanthroline as mobile carrier [J]. Journal of Membrane Science, 2000, 172(1): 199-201.

[86] Zhang Z L, Wu Q S, Ding Y P. Inducing synthesis of CdS nanotubes by PTFE template[J]. Inorganic Chemistry Communications, 2003, 6(11): 1393-1394.

[87] Wu Q, Zheng N, Ding Y, et al. Micelle-template inducing synthesis of winding ZnS nanowires [J]. Inorganic Chemistry Communications, 2002, 5(9): 671-673.

[88] Haram S K, And A R M, Dixit S G. Synthesis and Characterization of Copper Sulfide Nanoparticles in Triton-X 100 Water-in-Oil Microemulsions[J]. Journal of Physical Chemistry, 1996, 100(14): 5868-5873.

[89] 郑昌戈,郁子厚. 纳米半导体硫化银单层膜的自组装[J]. 无机化学学报,2002, 18(5): 481-485.

[90] Gao F, Qingyi Lu A, Zhao D. Controllable Assembly of Ordered Semiconductor Ag2S Nanostructures[J]. Nano Letters, 2003, 3(1): 85.

[91] Qiao Z P, Xie Y, Xu J G, et al. gamma-Radiation Synthesis of the Nanocrystalline Semiconductors PbS and CuS[J]. J Colloid Interface Sci, 1999, 214(2): 459-461.

[92] Pesika N S, Stebe K J, Searson P C. Determination of the Particle Size Distribution of Quantum Nanocrystals from Absorbance Spectra[J]. Advanced Materials, 2003, 15(15): 1289-1291.

[93] Yu S H, Cölfen H, Antonietti M. Control of the morphogenesis of barium chromate by using double-hydrophilic block copolymers (DHBCs) as crystal

growth modifiers [J]. Chemistry — A European Journal, 2015, 8 (13): 2937 - 2945.

[94] Penn R L, Banfield J F. Imperfect oriented attachment: dislocation generation in defect-free nanocrystals[J]. Science, 1998, 281(5379): 969.

[95] Pacholski C, Kornowski A, Weller H. Self-Assembly of ZnO: From Nanodots to Nanorods [J]. Angewandte Chemie International Edition, 2010, 41 (7): 1188 - 1191.

[96] Lou X W, Zeng H C. Complex alpha-MoO(3) nanostructures with external bonding capacity for self-assembly [J]. Journal of the American Chemical Society, 2003, 125(9): 2697 - 2704.

[97] Liu B, Zeng H C. Hydrothermal synthesis of ZnO nanorods in the diameter regime of 50 nm[J]. Journal of the American Chemical Society, 2003, 125(15): 4430.

第4章 碱土族含氧酸盐晶体的仿生控制合成

4.1 引　　言

具有特殊形貌的无机晶体，由于它们在催化、医药、电子、陶瓷、染料和化妆品[1-6]等方面有着极大的潜力，引起了众多科技工作者的关注。尤其是根据器件的尺寸要求来设计这些材料的形貌和大小，具有实际意义，掌握了合成这些材料的规则，对于材料的实际应用具有重要的理论借鉴价值[7-12]。目前已经有较多关于材料形貌控制合成的报道，如支撑液膜法合成 $CaCO_3$ 晶体片[13]，水热合成法制备出的空心 ZnSe 微球[14]，利用气相沉积法合成出 ZnO 纳米钉[15]，反相胶束法合成羽毛状钨酸钡[16]等，但是，在简单温和的条件下实现材料形貌和尺寸的人为控制，以满足电子、航空等工业领域对材料的要求，还是非常困难的。

已经发现钨酸钡在光电、微波陶瓷等领域有着广泛的用途。由于它的高压相变[17]和具有白钨矿结构（四方相）的性质，并能够发射蓝色荧光，在光电工业是一种重要的材料，同时也是一种在特殊光谱领域设计固态激光发射器方面潜在的材料，有关该种材料在基础研究方面已引起极大的兴趣[18-20]，并成为近年材料研究领域的热点之一[2,21-26]。已见报道的钨酸钡制备方法包括微乳液法[6,27,28]、熔融法[29]、固相反应[30,31]和热液、电化学方法[32]，等等。但是这些方法大多数需要高的反应温度或者是复杂的设备。尽管关于它形貌的研究已有报道[29-34]，但到目前为止，尚未见有在温和的条件下，人为控制钨酸钡的形貌报道。

钨酸钙是一种非常重要的工业材料，具有有趣的晶体结构和良好的发光性能[35-38]，当激发光的波长为 254 nm 时，发射出 456 nm 的荧光[39]。常用在陶瓷工业、催化剂[40]、激光材料[41,42]、照相乳液[43]等领域。具有白钨矿晶体结构的钨酸锶常用于固体激光材料体系，拉曼散射材料等。关于其制备方法有脉冲激光沉积法等。铬酸锶是一种常用的防锈涂料，由于其不含结晶水，所以可用于高温烘烤的底漆，并大量应用在航空工业底漆。也可用在橡胶、塑料和文教用品工业。铬酸锶还常与 $LaCrO_3$ 形成复盐作为 RF 磁电管溅射材料、激光脉冲沉积材料及电子束材料等。

本章将以蛋膜作为基础模板，通过加入有机协同试剂，控制合成上述几种在工业领域具有重要应用价值的材料。

4.2 钨酸钡微晶的形貌控制合成及其控制规律探讨

4.2.1 试剂与仪器

钨酸钠(AR)，KOH(AR)，$CaCl_2$(AR)，$BaCl_2$(AR)，K_2CrO_4(AR)，$SrCl_2$(AR)，乙二胺(AR)，聚甲醛(AR)，抗坏血酸(AR)，环糊精(AR)，维生素 C(AR)，十二烷基硫醇(AR)。

昆山市超声仪器有限公司 KQ218 超声波清洗器，上海标准模具厂 6511 型电动搅拌机，荷兰飞利浦 XL－31 ESEM 扫描电镜，荷兰飞利浦

Pw1700 型 X 射线衍射仪（XRD，CuK_{α}），Agilent 8453 紫外—可见光分光光度计（UV - Vis），Thermo Nicolet Nexus 傅里叶变换红外光谱仪（FT - IR）和 Varian Cary Eclipse 荧光仪，Shimadzu XD - 3A X 射线粉末衍射仪，50 kV，100 Ma，Philips XL - 30E 扫描电子显微镜（SEM）等进行实验表征。

取新鲜蛋壳，除去外侧矿物质，保留其内部膜结构，用去离子水多次清洗备用。

4.2.2　实验方法

将适量的乙二胺加入到钨酸钠溶液中，形成浓度为 0.1 mol/L、pH＝12 的 WO_4^{2-} 溶液，与 25 ml $BaCl_2$溶液分置于隔膜组装体系的两侧，室温下（25℃左右）反应 10 h 后，离心分离产物，用去离子水洗涤后用 Philips XL - 30E 扫描电子显微镜（SEM）进行蛋膜及产物的形貌观察，用 X 射线粉末衍射仪进行结构分析。

蛋膜是通过去除蛋壳外层矿物质，然后用去离子水清洗而得到的。将获得的蛋膜固定在反应器中，利用蛋膜将反应器分隔成左右两部分，分别将 25 ml 0.1 mol/L 的 Na_2WO_4溶液和 25 ml 0.1 mol/L $BaCl_2$溶液置于蛋膜的两侧。向反应体系的两侧分别加入一定量的协同试剂（或不加）。加入的试剂包括维生素 C、十二烷基硫醇（$C_{12}H_{25}SH$）、乙二胺（$(CH_2NH_2)_2$）、聚甲醛、环糊晶等，用 KOH 溶液调节体系的 pH 为 10（加入乙二胺 $(CH_2NH_2)_2$作为协同试剂的反应体系除外）。该体系在室温条件下静置 10 h。将包含产物的溶液离心分离，依次用去离子水和无水乙醇清洗，得 $BaWO_4$产物。

4.2.3　结果与讨论

四方白钨矿结构的 $BaWO_4$ 晶胞参数 $a=5.61$，$c=12.71$，空间群为

$I4_1/A$。当没有有机添加剂加入体系中，仅以蛋膜作为基础模板，产物的形貌如图 4-1(a)所示。在轴向方向上大约 6 μm 的多面体结构。当体系中分别加入十二烷基硫醇($C_{12}H_{25}SH$)、环糊晶、乙二胺($(CH_2NH_2)_2$)、维生素 C、聚甲醛组成不同的协同模板时，产物的形貌则变成花状（见图 4-1(b)）、双锥状（见图 4-1(c)）、类锚状结构（见图 4-1(d)）、类球形（见图 4-1(e)）和纤维状（见图 4-1(f)）等，所获得的产物形貌均一，尺寸基本一致。这一实验结果说明，蛋膜与协同试剂组成的复杂模板能够很好地实现对晶体形貌的控制。

(a) 不含添加剂　(b) 加入 0.01 mol/L 正十二烷硫醇　(c) 加入 0.01 mol/L 环糊精

(d) 加入 0.01 mol/L 乙二胺　(e) 加入 0.01mol/L 维生素 C　(f) 加入 0.01 mol/L 聚甲醛

图 4-1　$BaWO_4$ 产品的 SEM 图

XRD 图如谱图 4-2 所示。根据 XRD 衍射峰可确定所有产物经济结构均为四方白钨矿钨酸钡，衍射峰的形状表明结晶度良好。无杂峰出现，说明产物中不含有杂质。晶胞常数经计算得 $a=5.609\,8$，$c=12.710\,7$，与(JCPDS：43-646) 卡片一致，XRD 表征结果表明，所有产物均具有较高的纯度，且属于白钨矿结构。

红外光谱图的吸收峰位置等信息能够对晶体结构的表征起到一定的

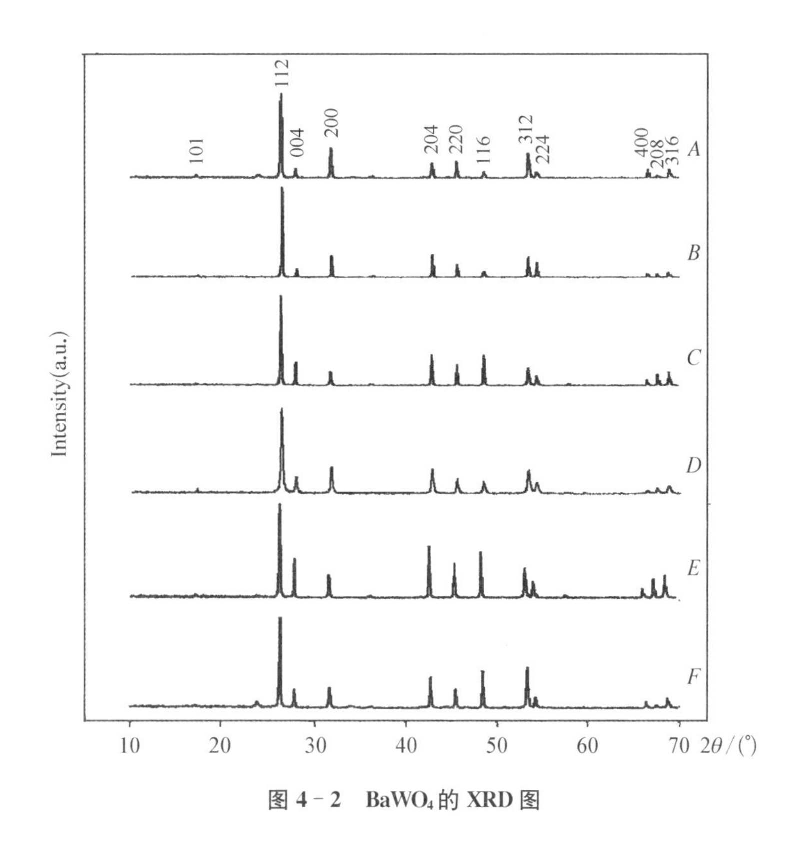

图 4 - 2　$BaWO_4$ 的 XRD 图

辅助说明作用。图 4 - 3 是产物的 FT - IR 图谱，在 800 cm^{-1} 和 1 450 cm^{-1} 处出现典型的白钨矿中 WO_4^{2-} 的红外吸收峰。所有产物具有基本相同的 FT - IR 图谱，也就是说，尽管晶体形貌不同，但是它们均属于同一种晶体结构类型。

4.2.4　条件讨论

1. 不同反应时间对产物的影响

以加入聚甲醛作为协同试剂制备纤维束状产物为例，研究反应时间对产物的影响。我们通过 SEM 分别对反应时间为 1 h，2 h，6 h，10 h 时的产物形貌进行了观察，发现产物首先是形成纤维束的“轴”，即产物一端松散，

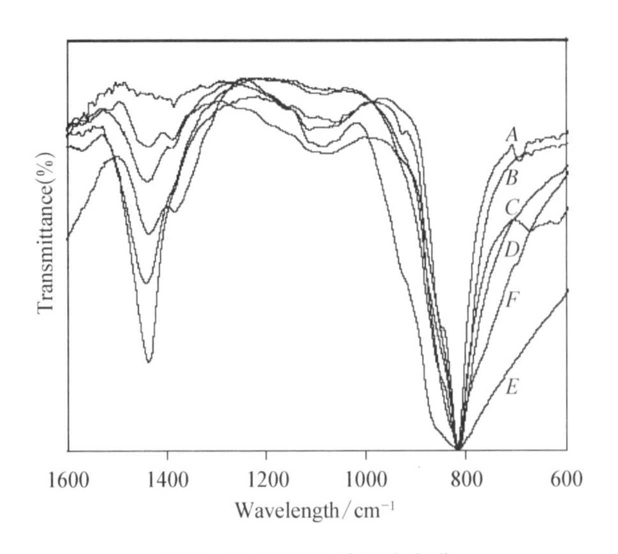

图 4-3　$BaWO_4$的红外光谱

A—不含添加剂；*B*—加正十二烷硫醇；*C*—加环糊精；
D—加入乙二胺；*E*—加维生素 C；*F*—加聚甲醛

另一端较尖锐形状的产物（如图 4-4(a)箭头所示），随着反应的进行，产物的另一端也出现松散状（陈化 2 h，如图 4-4(b)箭头所示），当达到了 6 h 反应时间，纤维状结构初步形成，在聚甲醛控制影响下，产物继续生长，当达到 10 h（见图 4-4(d)），获得了纤维状产物。综合上述实验现象，推测纤维状产物的轴首先形成，然后慢慢地生长散布到两端。由于反应时间不同，获得的产物形貌也不一样，因此，还可以根据对材料形貌的实际需要来选择反应时间。

2. 不同有机协同试剂对产物形貌的影响

有机试剂的加入，对形成不同形貌的 $BaWO_4$ 晶体形貌的获得具有至关重要的作用。当将十二烷基硫醇（$C_{12}H_{25}SH$）作为协同试剂加入到反应体系中时，获得了大约 15 μm 大小的花状结构产物（见图 4-1(b)），是由大约 5 μm 的部分小晶体构成。这些微晶和产物（见图 4-1(a)）极为相似，它们紧密的聚集在一起形成花状结构（见图 4-1(b)），但此时棱角已经不再像图

(a) 1 h　(b) 4 h　(c) 6 h　(d) 10 h

图 4－4　$BaWO_4$在不同反应时间的 SEM 图

4－1中的晶体棱角那么突出，而是变得相对平滑。当将 β-环糊晶加入体系中，获得的产物是双锥形状（见图 4－1(a)）。它们表面光滑两端尖锐（见图 4－5(a)），但是它们仍然保留有多面体结构。长度在 15 μm 左右，中间部分大约 2 μm。当把乙二胺 $(CH_2NH_2)_2$作为外加剂填入到体系中时，获得了尺寸相当均一的锚状结构产物。对照图 4－1(a)，在中部有类似于锚状突起出现，并在其两侧有横向纹理，总长度约 15 μm（见图4－5(b)）。当将维生素 C 加入体系中时，钨酸钡多面体形状完全消失，获得的产物是直径约180 nm 的球状粒子。这些粒子的形貌十分规则，产物的大小也相当均一（见图4－5(c)）。聚甲醛作为外加剂加入体系，产物形貌也完全不同于图 4－1(a)。这些产物是两端发散的纤维束状形貌。长度为 15 μm 左右，中部部分直径约为 2.2 μm（见图 4－5(d)）。

不同的协同试剂含有不同的官能团，对晶体的取向诱导作用也不同。

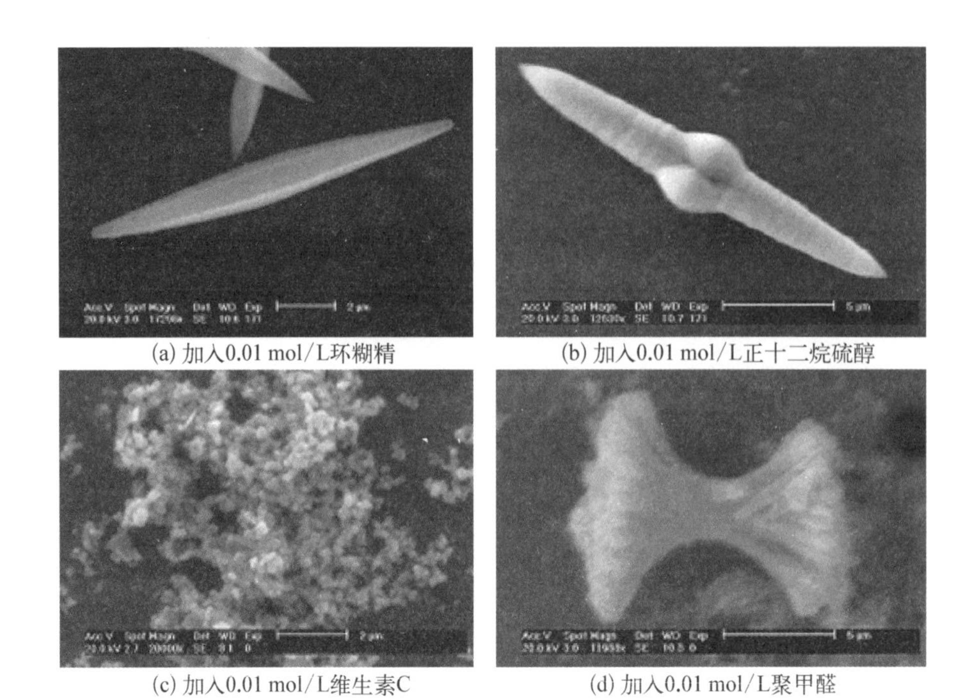

(a) 加入0.01 mol/L环糊精　　(b) 加入0.01 mol/L正十二烷硫醇

(c) 加入0.01 mol/L维生素C　　(d) 加入0.01 mol/L聚甲醛

图 4-5　$BaWO_4$的 SEM 图

我们推测可能的规律如下：① 不同的协同试剂分子中含有的官能团不同，对产物型貌的影响也不同。十二烷基硫醇包含有多个—HS，不溶于水，因此它通过氢键等黏连在蛋膜的表面，从而和蛋膜交错在一起。β-环糊晶包含有多个—OH；乙二胺包含有—NH；维生素 C 含有—OH，COOH；聚甲醛含有多个—CO—和在酸性条件下水解而产生的—CHO。这些官能团的极性从小到大依次为：—SH—NH≪—OH＜—COH＜—COOH 官能团的极性越大，晶体表面吸附作用也就越大，诱导晶体取向生长的作用也就越强，这样对晶体的形貌影响很大。② 含有对晶体产生取向生长作用的官能团越多，对晶体形貌的影响越大。③ 除了官能团之外，每个外加试剂中碳链长度和结构也对晶体的取向生长产生影响。含有直链的协同试剂通常容易获得长宽比较大的产物，当协同试剂含有有机环，就很容易获得球状或者类球状产物。

3. 不同添加量对产物的影响

协同试剂的添加量对 $BaWO_4$ 晶体形成同样具有重要的影响研究。以制备纤维状产物作例，讨论了不同的聚甲醛添加量对产物形貌的影响。图 4－6 是以不同的试剂添加量而获得的产物形貌图。图 4－6(a)为没有添加聚甲醛而得到的规则的多面体产物。当添加量为 0.002 mol/L，产物形貌改变很多，获得的产物有一端为松散状，长度约为 18 μm，基本上和两端均松散的类纤维状产物一致(见图 4－6(b))。当加入 0.004 mol/L 聚甲醛，纤维束状结构产物出现(见图 4－6(c))，当加入量达到 0.006 mol/L 时，产物几乎是纤维束状产物形貌(见图 4－6(d))。当加入的浓度达到 0.008 mol/25 L，获得了纤维束状产物。这个实验结果说明由于聚甲醛的添加量不同，导致了晶体的取向生长。

(a) 0.002 mol/L　(b) 0.004 mol/L　(c) 0.006 mol/L　(d) 0.008 mol/L

图 4－6　$BaWO_4$ 在不同添加量下的 SEM 图

4. 蛋膜对产物的影响

蛋膜对晶体形成也有影响。图 4-7(a)是蛋膜的 SEM 图谱,它具有直径为 1.5~10 μm 的多微孔网状结构,包含有交织的平均直径为 2 μm 的蛋白质纤维,主要成分为:胶原质、糖蛋白、蛋白多糖[44]。后者两个大分子含有亲水和疏水基团。亲水基可能吸附 Ba^{2+} 离子,提供适合于 $BaWO_4$ 晶体生长的成核中心。分子间和分子内的非化学作用对试剂和大分子的影响,例如氢键、静电力,均可以导向大分子和试剂以至于来诱导纳米粒子的组装和产物形貌的控制[45]。同时,随着有机试剂的加入,这些官能团例如氢键等也可能产生作用。当加入 0.01 mol/L 聚甲醛,而没有蛋膜情况下,通过慢慢地逐滴加入之后静置 10 h 充分沉淀而制备的产物。产物形貌如图 4-7(b)所示。该产物和图 3-1(e)的相同点是两端松散,中间束缚。但是与此同时,轴的两端不是类纤维束状结构那样长而细,而是大的类块状结

(a) (b) (c)

图 4-7 (a) 鸡蛋膜表面;(b) $BaWO_4$ 产品(加聚甲醛);(c) $BaWO_4$ 材料的 SEM 图

构。对此的解释是，没有蛋膜对离子传输的控制作用，两种离子可以在短时间内在晶体上面生长，另外，由于蛋膜上存在有机活性基团，能够对晶体生长起到控制作用。图 4－7(c)是两种反应离子直接混合的产物形貌图，从图中可以明显看出，与本节在蛋膜控制条件下制备的产物形貌是完全不同的。

5. 不同 pH 值对产物的影响

实验发现，制备钨酸钡比较适合的 pH 范围为 8～12，此范围获得的产物纯度较高。当体系的 pH 低于 8 时，往往会有钨的氧化物生成，而碱性太强，又会加速蛋膜的水解，造成蛋膜的破坏，导致实验失败。本文认为，选择反应体系的 pH＝10 的条件进行制备较为合适。

利用蛋膜和有机协同试剂组成的超分子模板的控制作用，成功获得了多种形貌独特、尺寸均一的 $BaWO_4$ 晶体结构。这些特殊形貌的晶体结构可应用于陶瓷、发光材料等领域。虽然有关合成机理有待于更深入的探讨，但该工作对于其他材料的控制合成具有借鉴作用。

4.3　钨酸钙晶体结构的仿生合成及性质研究

4.3.1　实验方法

取 0.10 mol/L 钨酸钠溶液 25 ml(调节 pH 值为 10)和 0.10 mol/L $CaCl_2$ 溶液 25 ml，分置于膜的两侧，两侧分别加入乙二胺 0.015 g(即浓度为 0.01 mol/L，或聚甲醛 0.007 5 g、柠檬酸 0.048 g)，室温下反应 10 h 后，分别取蛋膜两侧的分散体系进行离心分离，弃去澄清液，所得沉淀产物依次用去离子水、丙酮、乙醇洗涤后合并，制得 $CaWO_4$ 纳米晶体。

产物的形貌用飞利浦 XL－31 ESEM 扫描电镜(SEM)进行观察，结构用X射线粉末衍射仪(XRD)进行分析。

用 Thermo Nicolet Nexus 傅里叶变换红外光谱仪(FT-IR)进行红外测定。

用 Agilent 8453 型紫外—可见光分光光度计(UV-Vis)进行紫外分析。

4.3.2 结果与讨论

当加入的协同试剂为乙二胺时,获得的产物为球状结构(见图4-8)。产物尺寸不仅形貌规则,而且尺寸均匀,直径约2 μm。图中产物的下面有背底,这是由于产物的洗涤不净造成的,这些杂质很可能是由于在碱性条件下,有部分蛋膜水解造成的。

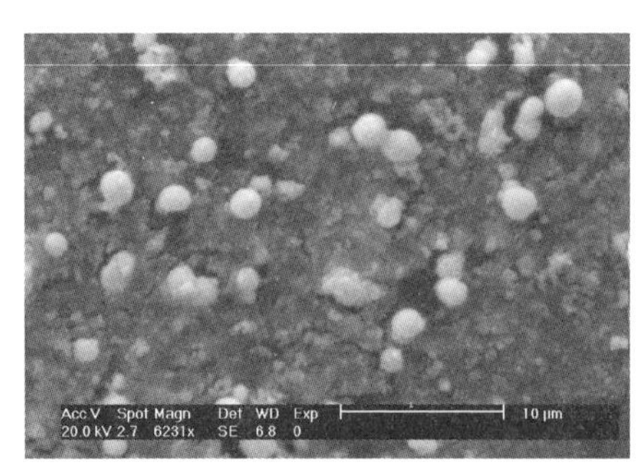

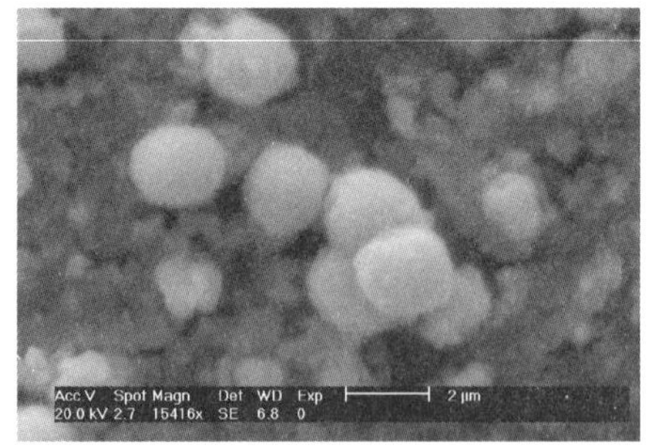

图4-8 $CaWO_4$的SEM图

(以蛋壳膜为模板,加入乙二胺)

当加入聚甲醛时,所得钨酸钙不再是球状,而是被拉长的米粒状(见图4-9),且具有较单一的尺寸分布,产物直径约为0.5 μm,长度在1 μm左右。

当加入柠檬酸时,成功实现了两个球的连接,即获得了类似花生的形貌,每个球的大小与图4-8相同,只是中间已经出现了连接(见图4-10)。这为开发该类材料的传感器件奠定了基础。

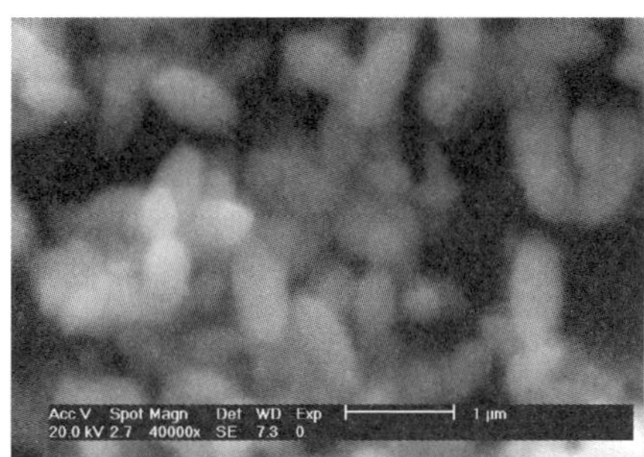

图 4 - 9　$CaWO_4$的 SEM 图像

（以蛋壳膜为模板，加入聚甲醛）

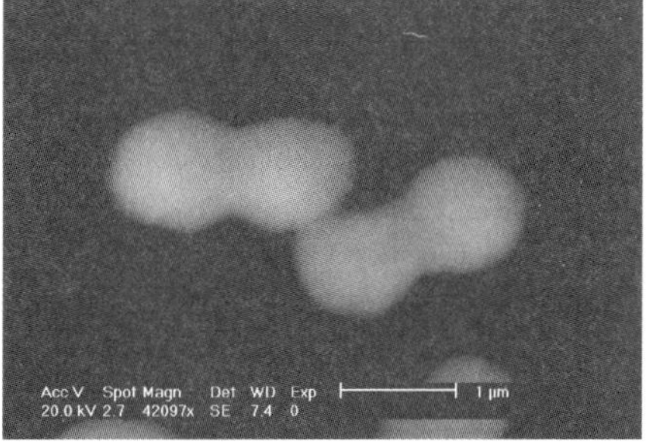

图 4 - 10　$CaWO_4$的 SEM 图

（以蛋壳膜为模板，加入柠檬酸）

图 4 - 11 是产物的 XRD 谱图，从 XRD 谱图分析可知，钨酸锶（$CaWO_4$）产物为四方晶系结构（JC - PDS No：8 - 490），属于 C_{4H}^{6} - $I4_1/A$ 点群，晶胞参数分别为：$a_0 = 5.4168$，$c_0 = 11.951$。衍射谱图中所有的衍射峰都可以表征，说明产物较纯。

4.3.3　光学性质

图 4 - 12 为产物的 FT - IR 谱图。从图中看到，虽然产物的形貌不同，但是所有产物在 800 cm^{-1} 均有一个特征吸收峰，从一定程度上说明几种产物均是同一种晶体结构类型。

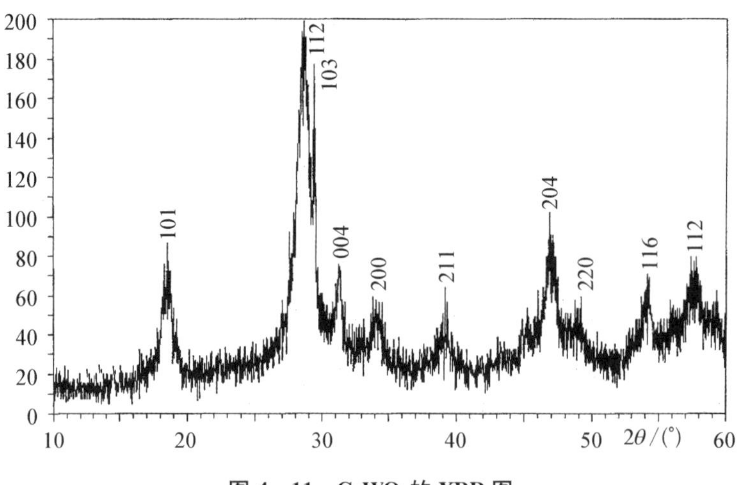

图 4-11 $CaWO_4$的 XRD 图

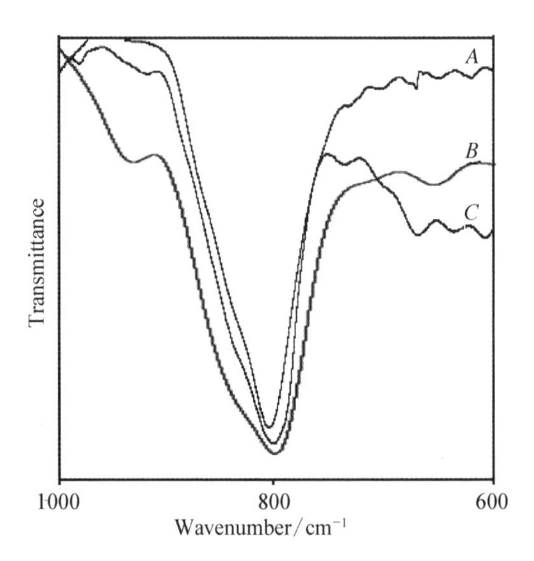

图 4-12 $CaWO_4$的红外光谱图

A—不含添加剂；*B*—加入聚甲醛；*C*—加入柠檬酸

4.3.4 机理探讨

蛋膜对晶体形成也有影响。图 4-7 是蛋膜的 SEM 图谱(a)和红外吸收图谱(b)，它具有直径为 1.5～10 μm 的多微孔网状结构，包含有交织的平均直径为 2 μm 的蛋白质纤维，主要成分为：胶原质、糖蛋白、蛋白多糖。后者两个大分子含有亲水和疏水基团。亲水基可能吸附 Ca^{2+} 离子，提供适合于 $CaWO_4$ 晶体生长的成核中心。分子间和分子内的非化学作用对试剂和大分子的影响，例如氢键、静电力，均可以诱导纳米粒子的组装，并对产物的形貌起到控制作用[21]。另外，加入的协同试剂同样会对产物的形貌产生影响。乙二胺分子结构式为(a)，聚甲醛分子结构式为(b)，柠檬酸分子结构式为(c)。

图 4-13　(a) 鸡蛋膜表面的 SEM 图；(b) $CaWO_4$ 材料的 FT-IR 光谱；(c) SEM 图

$$\begin{array}{l} CH_2\text{—}NH_2 \\ | \\ CH_2\text{—}NH_2 \end{array}\ \text{(a)},\quad \left[\begin{array}{c} H \\ | \\ C\text{—}O \\ | \\ H \end{array}\right]_n \text{(b)},\quad \begin{array}{l} \quad\ \ CH_2\text{—}COOH \\ \quad\ \ | \\ HO\text{—}C\text{—}COOH \\ \quad\ \ | \\ \quad\ \ CH_2\text{—}COOH \end{array}\ \text{(c)}$$

三种分子中都(或)含有—OH、—NH、—COOH 等基团，能够通过氢键等非化学键作用与蛋膜形成高分子模板，对晶体的取向生长起到诱导作用。由于柠檬酸分子中含有3个—COOH和1个—OH，在反应体系中，—OH可能通过氢键与蛋膜结合，而—COOH将以$—COO^-$的形式存在，并作为$CaWO_4$成核中心，柠檬酸分子链较长，容易形成在同一个分子上形成两个成核中心，导致最终形成连接的球体；而乙二胺的分子很小，即使两个$—NH_3^+$都作为成核中心，也往往只能够融合形成一个晶体。而聚甲醛分子为长链结构，通过氢键等作用附着在模板表面，容易获得长形的晶体形貌。这里仅仅是一种推测，还有待于提供更多的实验依据作为支持。

根据实验结果和相关理论推测产物形成过程可能为：

① 蛋膜的大分子亲水端吸附金属阳离子(Ca^{2+})，并与通过蛋膜传输过来的WO_4^{2-}形成$CaWO_4$分子；

② 多个$CaWO_4$分子聚集形成$CaWO_4$晶核，并在超分子模板的控制下生长；

③ 由于超分子模板的取向诱导作用，获得了具有不同形貌和尺寸的$CaWO_4$纳米晶。

本节主要报道了一种利用仿生合成机理，利用生物活性的蛋膜模板与有机协同试剂组成的新型超分子模板，实现对功能材料形貌和尺寸进行控制的一种新思路。该方法不仅可以制备出文章中报道的三种形貌，还可以通过改变协同试剂的种类等去制备其他的形貌。利用该文的思路，不仅可用于钨酸钙形貌的控制，而且还可以用于控制合成其他形貌和尺寸的无机材料。

4.4 钨酸锶晶体的仿生合成探索

4.4.1 实验方法

取0.10 mol/L钨酸钠溶液25 ml(调节pH值为10)和0.10 mol/L

$SrCl_2$溶液 25 ml，分置于膜的两侧，两侧分别加入 0.048 g 柠檬酸或者 0.044 g维生素 C，室温下反应 10 h 后，分别取蛋膜两侧含有产物的分散体系进行离心分离，弃去澄清液，所得沉淀产物依次用去离子水、丙酮、乙醇洗涤后合并，制得 $SrWO_4$产物。

产物的形貌用飞利浦 XL－31 ESEM 扫描电镜(SEM)进行观察，结构用 X 射线粉末衍射仪(XRD)进行分析。

用 Thermo Nicolet Nexus 傅里叶变换红外光谱仪(FT－IR)进行红外测定。

用 Agilent 8453 型紫外—可见光分光光度计(UV－Vis)进行紫外分析。

4.4.2　结果与讨论

当体系中不加入任何的协同试剂，得到的产物形貌是非常不规则的。以维生素 C 作为协同试剂，产物形为圆球状(见图 4－14)，尺寸较均一，直径约为 1.5 μm。

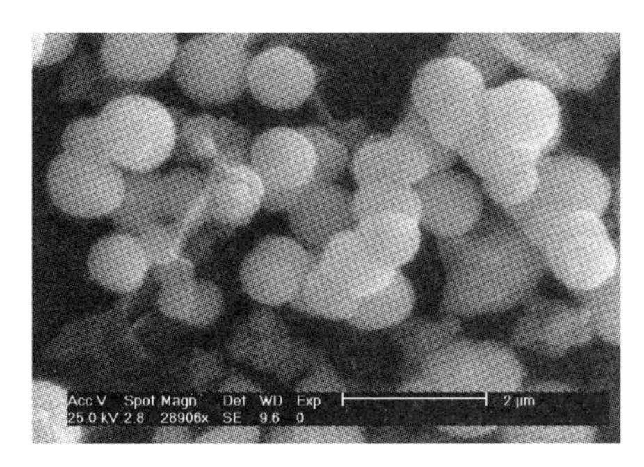

图 4－14　$SrWO_4$的 SEM 图(不含添加剂)

当加入柠檬酸时，所得钨酸锶产物形貌为四棱双锥(见图 4－15)，且四棱双锥的侧面有较平行的条纹出现，其条纹形成机理有待进一步研究。

图 4-15　$SrWO_4$的 SEM 图（加入柠檬酸）

从 XRD 谱图分析可知（见图 4-16），钨酸锶（$SrWO_4$）产物为四方晶系结构（JC-PDS No：7-210），属于 C_{4H}^{6}-$I4_1/A$ 点群，晶胞参数分别为：a=5.242，c=11.372。衍射谱图中所有的衍射峰都可以表征，说明产物较纯。

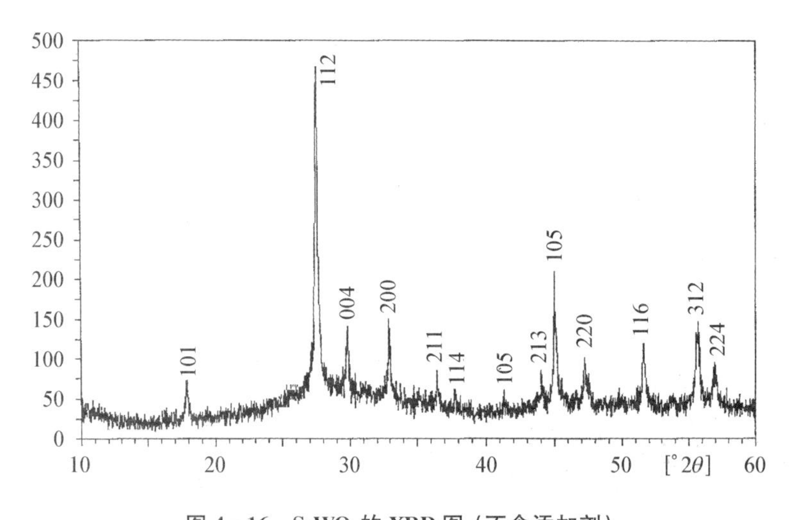

图 4-16　$SrWO_4$的 XRD 图（不含添加剂）

4.4.3　光学性能

红外吸收光谱图。

从图中(见图 4-17)可以看出,两种产物的 FT-IR 特征吸收峰一致,说明这两种晶体均为同一种物质结构。

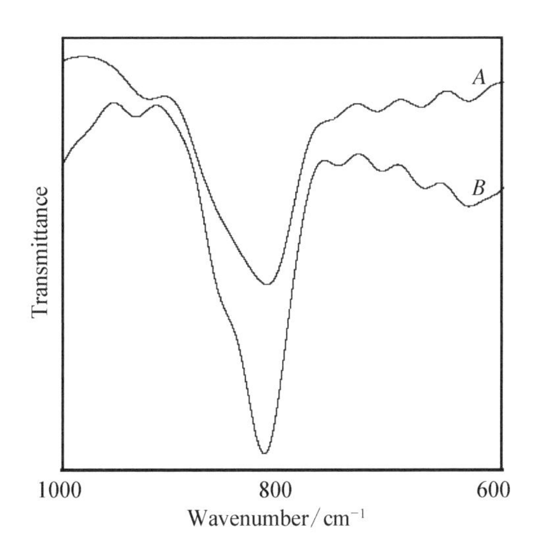

图 4-17　$SrWO_4$的红外图谱

A—不含添加剂；B—加柠檬酸

4.5　不同形貌铬酸锶晶体的控制合成

4.5.1　实验方法

取 0.10 mol/L K_2CrO_4溶液 25 ml 和 0.10 mol/L 的 $SrCl_2$溶液 25 ml,分置于隔膜组装装置的两侧,两侧分别加入适量的 KOH,调节溶液的 pH 约为 8,再向两侧分别加入适量的聚甲醛(乙二胺0.015 g,即浓度为0.01 mol/L)(或加入 0.04 g 环糊精,或不加入协同试剂),室温下反应 10 h 后,分别取蛋膜两侧含有产物的分散体系进行离心分离,弃去澄清液,所得沉淀产物依次用去离子水、丙酮、乙醇洗涤后合并,制得具有特殊规则形貌的 $SrCrO_4$ 晶体。

产物的形貌用飞利浦 XL－31 E 扫描电镜(SEM)进行观察，结构用Philips Pw1700 型 X 射线粉末衍射仪(XRD)进行分析。

用 Thermo Nicolet Nexus 傅里叶变换红外光谱仪(FT－IR)进行红外测定。

用 Agilent 8453 型紫外—可见光分光光度计(UV－Vis)进行紫外分析。

并用 Varian Cary Eclipse 荧光仪进行荧光研究。

为证实蛋膜模板对仿生合成特殊形貌铬酸锶的控制作用，我们选取另一种活性模板，在其他反应条件相同的情况下，进行对比反应。由于胶棉模板是由三硝基纤维酯组成的，其上含有的活性基团与蛋膜上的不尽相同，因此我们选取胶棉为模板来进行对比试验。所得产物用扫描电镜(SEM)进行形貌观察。

4.5.2 结果与讨论

利用扫描电子显微镜分别对加入不同协同试剂所制得的铬酸锶产物进行分析，结果发现，产物的形貌和尺寸不仅与所采用的生物模板本身有关，而且还与加入的协同试剂的种类有关。当不加入协同试剂，仅以蛋膜为模板进行制备时，将获得棒状的产物(见图 4－18)，棒的直径基本上在 250 nm 左右，最大长度可达 15 μm 以上。

(a) (b)

图 4－18 $SrCrO_4$的 SEM 图（不含添加剂）

加入 β-环糊精时，所得的铬酸锶产物虽然直径基本没有变化，但是出现了分支(见图 4-19)，与干树枝较为相似。

(a)　(b)

图 4-19　$SrCrO_4$ 的 SEM 图

(加入 0.01 mol/L 环糊精)

当反应物溶液中加入乙二胺时，产物形貌同图 4-19 相比，有了更大的变化，原来的棒状结构完全消失，产物转化为花束状形貌(见图 4-20)。但产物的中间部分直径依然保持不变，花束状产物的总体最大长度也可达15 μm 以上。

(a)　(b)

图 4-20　$SrCrO_4$ 的 SEM 图

(加入 0.01 mol/L 乙二胺)

从 XRD 谱图分析可知(见图 4-21)，铬酸锶($SrCrO_4$)产物为单斜晶系结构(JC-PDS No：15-365 属于 $P2_1/n$ (14)点群，晶胞参数分别为：$a_0=$

7.083，$b_0=7.388$，$c_0=6.771$，$A=0.958\,7$，$C=0.916\,5$。）衍射谱图中所有的衍射峰都可以表征，说明所得产物纯度较高。

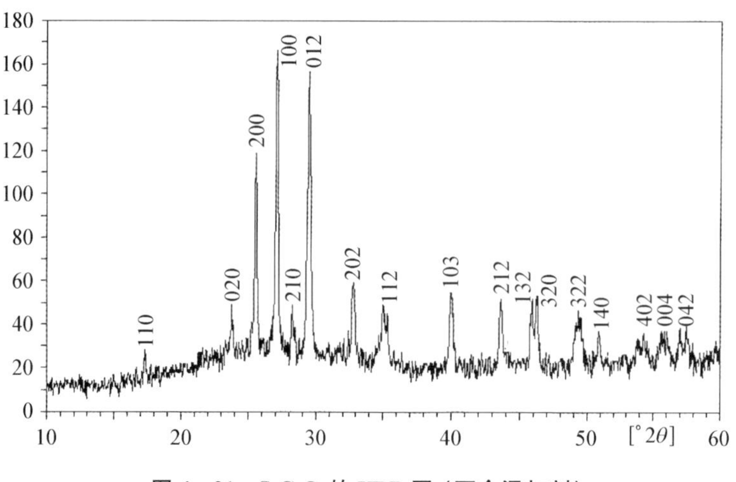

图 4-21　$SrCrO_4$ 的 XRD 图（不含添加剂）

从实验结果可知，加入乙二胺时获得的产物形貌最为复杂。我们选择这种形貌的制备作为研究对象，分别探讨了不同 pH、模板对产物的影响。结果发现，当 pH 小于 8 时，得到的产物不纯，这可能是由于铬酸锶能够较稳定地存在于碱性条件下，酸性条件有了重铬酸盐生成；当溶液的碱性超过 12 时，蛋膜水解的速度加快，容易造成模板破损。选择胶棉膜为模板，同样条件下进行制备，获得的产物不再具有花束状结构，而是与图 4-19 形貌接近，只是分支变短（见图 4-22）。这说明，花束状的获得，是蛋膜与乙二胺协同作用的结果。对于产物的形成机理，有待于在今后的工作中作进一步的研究。

4.5.3　机理探讨

另外，加入的协同试剂不同，对产物的影响也不一样。乙二胺的分子式为$(CH_2NH_2)_2$，分子中含有—NH_2，能够与蛋膜上的羧基、氨基、羟基

(a)

(b)

图 4 - 22　$SrCrO_4$的 SEM 图

（胶棉膜为模板，加入 0.01 mol/L 乙二胺）

等通过氢键等作用联结，共同对晶面产生诱导取向作用；环糊精的分子式为$(C_6H_{10}O_5)_7$，其上含有多个羟基，同样容易与蛋膜上的基团发生作用；聚甲醛分子式为$[CH_2O]_n$，上含有羰基基团，同样也可以与蛋膜表面进行作用。这些协同试剂一方面可以与蛋膜上的活性基团发生作用，改变蛋膜模板上活性基团的诱导作用空间，同时，本身具有极性或非极性基团，亲水端容易与晶面发生吸附作用，疏水端对晶体的生长具有诱导作用。

结合实验结果及相关理论，推测其机理可能为：

① 金属阳离子和酸根离子通过扩散作用向模板传输，并在模板上相遇，形成 $SrCrO_4$分子；

② 多个 $SrCrO_4$分子聚集形成晶核；

③ 晶核在模板和协同试剂的共同诱导作用下，在某些晶面进行取向生长，从而获得不同的晶体形貌。

4.5.4　光学性能

铬酸盐中 Cr(Ⅵ)电子层结构为 $3d^0$结构，Cr(Ⅵ)具有较强的正电场，CrO_4^{2-}中的 Cr—O 之间有较强的极化效应，当这些化合物吸收光后，将发生O—Cr(Ⅵ)跃迁，从而使铬酸盐化合物均呈现颜色。铬酸盐的光学特性与其结构中含有扭曲的Cr(Ⅵ)为中心的Td对称有关，结构的不同将导致光学性质的差异，而材料的尺度、形貌等对产物的光学性质也有影响，结构中电子与表面声子的共振强度、电子的带内迁移、带间跃迁以及电子的热运动等将可能影响到材料的光物理、光化学性质。

图4-23为产物的紫外—可见光谱图，三种产物在紫外—可见区域内均有吸收。花束状产物相对于其他两种产物出现了非常明显的“蓝移”，这可能是由于组成花束的“束带”的量子尺寸造成的，其真正的原因有待于进一步探讨。

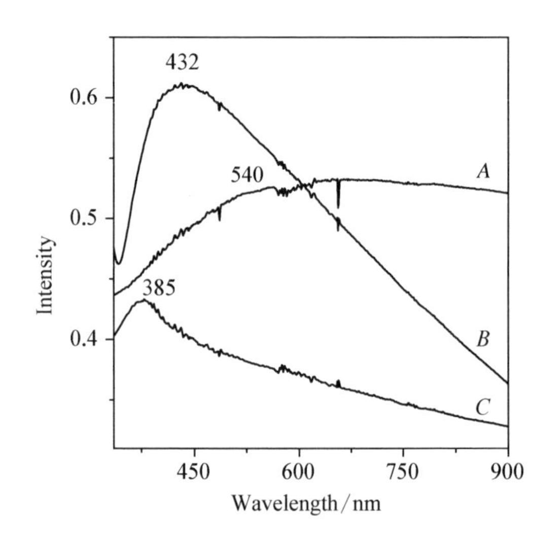

图4-23　UV-Vis光谱

A—加入环糊精；*B*—不含添加剂；*C*—乙二胺

以蛋膜为模板，通过蛋膜与其他有机协同试剂的共同作用，成功制备了不同尺寸、形貌的铬酸锶晶体结构，并对其形成机理作了探讨，对光学性质进行了研究，为开发该类材料的器件奠定了基础。

4.6 本章小结

本章利用蛋膜作为基础模板，通过与有机添加试剂的协同作用，成功获得了一系列具有规则形貌的钨酸盐、铬酸盐晶体，总结主要做了如下几个方面的工作：

(1) 蛋膜作为基础模板，它有两个作用，其一是蛋膜上含有氨基、羧基等基团，具有模板功能，还可以通过氢键等作用与加入的协同试剂发生作用；其二是它具有半透性结构，能够对反应离子起到控制传输的作用；

(2) 加入的添加剂要带有—COOH，—OH，—SO_3H，—HS，—PO_3H_2 等基团，这样保证能够与蛋膜上的基团通过氢键、静电力等作用结合，同时由于它具有一定的极性，能够对晶体表面有吸附作用，同对晶体的生长具有取向诱导作用；

(3) 在进行产物的控制合成时，获得了一个并不成熟的规律，即含有长碳链的协同试剂容易获得长形的晶体形貌，而含有有机环的产物更容易获得球状的产物；

(4) 本章主要是提供了一种利用协同模板制备规则形貌微晶材料的思路，该方法具有普适性，制备的产物不仅仅局限于碱土金属钨酸盐和铬酸锶，还可以用于制备其他的无机含氧酸盐；

(5) 在形貌控制合成过程中，目标产物的最终形貌不仅与所用到的模板有关，还与产物本身晶体生长习性有关，亦即，模板、协同试剂、反应时间等因素完全相同，目标产物的晶体结构类型不同，获得的产物形貌也不一样，关于这一点，在微晶材料的设计合成时必须加以考虑。

参考文献

[1] Yu S, Antonietti M, Cölfen H, et al. Synthesis of Very Thin 1D and 2D $CdWO_4$ Nanoparticles with Improved Fluorescence Behavior by Polymer-Controlled Crystallization[J]. Angewandte Chemie, 2002, 41(13): 2356.

[2] Sun X, Li Y. Synthesis and characterization of ion-exchangeable titanate nanotubes[J]. Chemistry, 2003, 9(10): 2229 - 2238.

[3] Peng Q, Dong Y, Deng Z, et al. Selective synthesis and characterization of CdSe nanorods and fractal nanocrystals[J]. Inorganic Chemistry, 2002, 41(20): 5249 - 5254.

[4] Li M, Schnablegger H, Mann S. Coupled synthesis and self-assembly of nanoparticles to give structures with controlled organization[J]. Nature, 1999, 402(6760): 393 - 395.

[5] Shuhong Yu, Antonietti M, Helmut Cölfen A, et al. Growth and Self-Assembly of $BaCrO_4$ and $BaSO_4$ Nanofibers toward Hierarchical and Repetitive Superstructures by Polymer-Controlled Mineralization Reactions[J]. Nano Letters, 2003, 3(3): 379 - 382.

[6] Shi H, Qi L, Ma J, et al. Polymer-directed synthesis of penniform $BaWO_4$ nanostructures in reverse micelles[J]. Journal of the American Chemical Society, 2003, 125(12): 3450 - 3451.

[7] Barraciu A. Morphology control of $PbWO_4$ nano-and microcrystals via a simple, seedless, and high-yield wet chemical route[J]. Langmuir the Acs Journal of Surfaces & Colloids, 2004, 20(4): 1521 - 1523.

[8] Rautaray D, Ahmad A, Sastry M. Biosynthesis of $CaCO_3$ crystals of complex morphology using a fungus and an actinomycete[J]. Journal of the American Chemical Society, 2003, 125(48): 14656 - 14657.

[9] Tian Z R, Voigt J A, Liu J, et al. Biomimetic arrays of oriented helical ZnO nanorods and columns[J]. Journal of the American Chemical Society, 2002, 124(44): 12954.

[10] Rautaray, D.; Sinha, K.; Shankar, S. S.; Adyanthaya, S. D.; Sastry M. Chem. Mater. 2004, 16, 1356.

[11] Liao H W, Wang Y F, Liu X M, et al. [Effect of preliminary preparations and freezing upon the nutritive components of the yellow carrots][J]. Cheminform, 2000, 12(10): 2819 - 2821.

[12] Kim J S, Kim J W, Cheon C I, et al. Effect of Chemical Element Doping and Sintering Atmosphere on the Microwave Dielectric Properties of Barium Zinc Tantalates[J]. Journal of the European Ceramic Society, 2001, 21(15): 2599 - 2604.

[13] Peng Q, Yajie Dong A, Li Y. Synthesis of Uniform CoTe and NiTe Semiconductor Nanocluster Wires through a Novel Coreduction Method[J]. Inorganic Chemistry, 2003, 42(7): 2174.

[14] Gao Pu X, L. Wang, Z. Substrate Atomic-Termination-Induced Anisotropic Growth of ZnO Nanowires/Nanorods by the VLS Process[J]. J. phys. chem. b, 2004, 108(23): 7534 - 7537.

[15] Shi H, Qi L, Ma J, et al. Polymer-directed synthesis of penniform $BaWO_4$ nanostructures in reverse micelles[J]. Journal of the American Chemical Society, 2003, 125(12): 3450 - 3451.

[16] Wang B G, Shi E W, Zhong W Z, et al. Relationship between the Orientations of Tetrahedral [WO_4](2 -) in Tungstate Crystals and Their Morphology[J]. Journal of Inorganic Materials, 1998, 13(5): 648 - 654.

[17] Jayaraman A, Batlogg B, Vanuitert L G. High-pressure Raman study of alkaline-earth tungstates and a new pressure-induced phase transition in $BaWO_4$ [J]. Physical Review B, 1983, 28(8): 4774 - 4777.

[18] Basiev T T, Sobol A A, Voronko Y K, et al. Spontaneous Raman spectroscopy of tungstate and molybdate crystals for Raman lasers[J]. Optical Materials, 2000, 15(3): 205 - 216.

[19] G. Blasse, W. J. Schipper, Phys. Status Solidi A 1974, 25, K163.

Schipper W J, Blasse G. Spectroscopical Investigation of Order-disorder in Some Compounds with Scheelite Structure[J]. Zeitschrift Für Naturforschung B, 1974, 29(5-6): 340-346.

[20] Blasse G, Dirksen G J. Photoluminescence of $Ba_3W_2O_9$: Confirmation of a structural principle[J]. Journal of Solid State Chemistry, 1981, 36: 124-126.

[21] Sun X, Li Y. Synthesis and characterization of ion-exchangeable titanate nanotubes[J]. Chemistry, 2003, 9(10): 2229-2238.

[22] Shuhong Yu, Antonietti M, Helmut Cölfen A, et al. Growth and Self-Assembly of $BaCrO_4$ and $BaSO_4$ Nanofibers toward Hierarchical and Repetitive Superstructures by Polymer-Controlled Mineralization Reactions[J]. Nano Letters, 2003, 3(3): 379-382.

[23] Wang X, Li Y. Selected-control hydrothermal synthesis of alpha-and beta-MnO_2 single crystal nanowires[J]. Journal of the American Chemical Society, 2002, 124(12): 2880-2881.

[24] Zhang Z L, Wu Q S, Ding Y P. Inducing synthesis of CdS nanotubes by PTFE template[J]. Inorganic Chemistry Communications, 2003, 6(11): 1393-1394.

[25] Zhaoping Liu, Zhaokang Hu, Jianbo Liang, et al. Size-Controlled Synthesis and Growth Mechanism of Monodisperse Tellurium Nanorods by a Surfactant-Assisted Method[J]. Langmuir the Acs Journal of Surfaces & Colloids, 2004, 20(1): 214.

[26] Qingsheng Wu, Dongmei Sun, Huajie Liu A, et al. Abnormal Polymorph Conversion of Calcium Carbonate and Nano-Self-Assembly of Vaterite by a Supported Liquid Membrane System[J]. Crystal Growth & Design, 2004, 4(4): 717-720.

[27] Shi H, Qi L, Ma J, et al. Synthesis of single crystal $BaWO_4$ nanowires in catanionic reverse micelles[J]. Chemical Communications, 2002, 38(16): 1704.

[28] Kwan S, Kim F, Akana J, et al. Synthesis and Assembly of $BaWO_4$ Nanorods [J]. Chemical Communications, 2001, 5(5): 447-448.

[29] Roy B N, Roy M R. Estimation of activation parameters for diffusion-controlled crystallization of barium tungstate from sodium tungstate melts by differential thermal analysis [J]. Crystal Research & Technology, 2001, 16 (11): 1267 - 1271.

[30] Fujita T, Yamaoka S, Fukunaga O. Pressure induced phase transformation in $BaWO_4$[J]. Materials Research Bulletin, 1974, 9(2): 141 - 146.

[31] Nishigaki S, Yano S, Kato H, et al. ChemInform Abstract: BaO-TiO_2-WO_3 Microwave Ceramics and Crystalline $BaWO_4$ [J]. Cheminform, 1988, 19(14): C-11 - C-17.

[32] Cho W, Yoshimura M. Hydrothermal, Hydrothermal-Electrochemical and Electrochemical Synthesis of Highly Crystallized Barium Tungstate Films[J]. Japanese Journal of Applied Physics, 1997, 36: 1216 - 1222.

[33] Xie B, Yuan S, Jiang Y, et al. Molecular Template Preparation of $AgBiS_2$ Nanowhiskers[J]. Cheminform, 2002, 33(39): 25.

Li Q, Shao M, Zhang S, et al. Preparation of multiply twinned palladium particles with five-fold symmetry via a convenient solution route[J]. Journal of Crystal Growth, 2002, 243(2): 327 - 330.

[34] Chauhan A K. Czochralski growth and radiation hardness of $BaWO_4$, Crystals [J]. Journal of Crystal Growth, 2003, 254(3 - 4): 418 - 422.

[35] Koepke C, Wojtowicz A J, Lempicki A. Excited-state absorption in excimer-pumped $CaWO_4$, crystals [J]. Journal of Luminescence, 1993, 54 (6): 345 - 355.

[36] Sinel'Nikov B M, Sokolenko E V, Zvekov V Y. The Nature of Green Luminescence Centers in Scheelite[J]. Inorganic Materials, 1996, 32, 999.

[37] Cooper T G, Leeuw N H D. A combined ab initio and atomistic simulation study of the surface and interfacial structures and energies of hydrated scheelite: introducing a $CaWO_4$, potential model[J]. Surface Science, 2003, 531(2): 159 - 176.

[38] Cho W, Yashima M, Kakihana M, et al. Room Temperature Preparation of Highly Crystallized Luminescent $SrWO_4$ Film by an Electrochemical MethodJ [J]. Applied Physics Letters, 1995, 66(9): 1027 - 1029.

[39] Du S K. Surface structures of supported tungsten oxide catalysts under dehydrated conditions[J]. Journal of Molecular Catalysis A Chemical, 1996, 106 (1): 93 - 102.

[40] Faure N, Borel C, Couchaud M, et al. Optical properties and laser performance of neodymium doped scheelites $CaWO_4$ and $NaGd(WO_4)_2$[J]. Applied Physics B Lasers & Optics, 1996, 63(6): 593 - 598.

[41] Kaminskii A A, Eichler H J, Ueda K I, et al. Properties of Nd3+-doped and undoped tetragonal $PbWO_4$, $NaY(WO_4)_2$, $CaWO_4$, and undoped monoclinic, $ZnWO_4$ and $CdWO_4$ as laser-active and stimulated Raman, scattering-active crystals[J]. Applied Optics, 1999, 38(21): 4533 - 4547.

[42] Lou Z, Cocivera M. Cathodoluminescence of $CaWO_4$, and $SrWO_4$, thin films prepared by spray pyrolysis[J]. Materials Research Bulletin, 2002, 37(9): 1573 - 1582.

[43] Errandonea D, Somayazulu M, Häusermann D. Phase transitions and amorphization of $CaWO_4$ at high pressure[J]. Physica Status Solidi, 2003, 235 (1): 162 - 169.

[44] Ajikumar P K, Lakshminarayanan R, Ong B T, et al. Eggshell matrix protein mimics: designer peptides to induce the nucleation of calcite crystal aggregates in solution[J]. Biomacromolecules, 2003, 4(5): 1321.

[45] Soledad F M, Moya A, Lopez L, et al. Secretion pattern, ultrastructural localization and function of extracellular matrix molecules involved in eggshell formation[J]. Matrix Biology, 2001, 19(8): 793 - 803.

第5章 总 结

本书以两种不同的活性膜为模板，利用模板的半透性结构对反应离子的控制传输作用以及膜上活性基团对产物形成与生长的控制作用，成功获得了一系列锌铜族硫化物零维纳米材料、一维纳米材料和二维纳米材料、系列碱土族含氧酸盐的纳米超结构材料及微晶结构材料。本书还对产物的性质及形成机理作了探讨，并总结了一些关于微晶形貌控制的规律，对于低维纳米材料、纳米超结构材料的制备以及具有规则形貌的微晶控制合成等均具有指导意义。总结全文，主要做了以下几个方面的工作：

(1) 以人工活性膜为模板，合成了 HgS、PbS、Ag_2S、CuS 纳米晶、CdS 纳米球、ZnS 准纳米棒及 $PbCrO_4$、$BaCrO_4$ 准纳米棒，并对产物的光学性质和合成机理做了探讨；通过对比发现，产物具有明显不同于体材料的光学性质；在该体系中，乙二胺是一种非常有效的成棒协同试剂，它的加入，往往容易获得棒状产物；利用该种膜制备纳米材料具有普适性，不仅仅局限于本书制备的几种材料，还可以用于其他无机材料的控制合成。

(2) 以生物蛋膜为模板，合成出了铜族硫化物纳米晶，证实了蛋膜用于纳米材料合成的可行性；在该体系中，乙二胺已不再是一种有效的成棒协同试剂；本书还以蛋膜为基础模板，首次合成出了 $BaSO_4$ 纳米管，并对产物的形成机理进行了探讨；该纳米管的合成，为无机含氧酸盐纳米管的制备提出一种新的思路。

(3) 以生物蛋膜为模板，首次合成出了具有羽毛状、树枝状的 $BaCrO_4$ 纳米超结构材料及海螺状、树枝状、花状 $BaSO_4$ 纳米超结构材料，这些产物都是由纳米粒子组装而成的。前者的制备思路主要是通过加入有机协同试剂来实现对产物形貌的控制，而后者是利用胶原蛋白在不同 pH 条件下的模板控制作用不同来实现对产物形貌的控制。另外，本书还对产物的形成机理做了探讨，对 $BaCrO_4$ 纳米超结构材料光学性质进行了研究。

(4) 以生物蛋膜为基础模板，加入有机试剂组成协同模板，组成超分子模板，成功实现了对碱土族钨酸盐、铬酸盐晶体形貌的控制；实验发现，加入的协同试剂的种类、单位质量含有官能团的多少、碳链的长短、结构等对产物的形貌都有很大的影响。

(5) 总结了新型超分子模板中有机试剂对晶体形貌控制的规律，对于晶体形貌的控制具有重要的参考价值；利用本书的制备思路及总结的经验，可以用于控制合成其他含氧酸盐，如钒酸盐、钼酸盐，等等。

(6) 本书首次合成出了羟基磷灰石纳米带组装球、磷酸锶纳米羊毛球、磷酸钡纳米晶组装球。并对羟基磷灰石纳米带组装球基质成功进行了荧光修饰，获得了可用于荧光探针的有机—无机纳米复合材料，从产物的制备向器件化迈出了重要的一步。

(7) 本书还探索了纳米孔洞有机—无机纳米复合膜的制备，虽然只做了一些初步工作，但所获薄膜的独特结构还是引人注目的。如果对此加以完善，必将在污水催化处理等领域具有广阔的应用前景。

本书虽取得了一些原创性的成果，但在产物的形成机理、特殊形貌材料的器件化等方面，还有待于今后进一步研究和探索。

后 记

本书是在吴庆生教授的悉心指导下完成的。三年来，先生以他渊博扎实的学识、严谨求实的治学态度指导我的论文；他谦虚宽容的为人、豁达开朗的性格、积极乐观的处世态度、高瞻远瞩的科学眼光对我影响颇深，是我一生的楷模；先生忘我的工作精神和执着的科学追求，令我敬佩。在我个人生活方面，先生也给了我诸多关怀和指导。特别是在我迷茫之时，先生能够为我指点迷津。无论是学业的完成还是个人的成长，无不凝聚着先生的心血。先生之恩，永志不忘。在此，谨向恩师表示深深的敬意和最诚挚的谢意。

在本书的完成过程中，上海大学的丁亚平教授、本课题组的刘璐博士后、海洋学院的祁景玉教授等都给过我指导和关心，对他们表示衷心的感谢。师弟张国欣在样品的 XRD 测试等方面为我提供了诸多方便和有力的支持。我的合作者王彬、余意、李鹏给予诸多帮助，与他们的合作是非常愉快的。本书完成过程中也得到了李丽、孙冬梅、柳华杰、陈云、王晓岗、吴昌柱、燕云、王玫、贾润萍等的支持与配合，谨向他们表示感谢。本实验室毕业的齐峰、刘伟丽、谢洪珍、车自有、张震雷等也给过我诸多帮助，化学系中心实验室的胡惠康、杨念慈、郝志显、朱仲良等老师在测试方面为我提供了很多便利条件，在此一并表示感谢！

感谢我年迈的父母亲，是他们用辛勤的汗水抚育我成长，默默地支持我走完二十多年的求学道路。还要感谢长春一汽的赵东琴阿姨对我多年来的关怀和鼓励。

感谢我的女友王书玉对我的支持与付出。在我的文章撰写、论文整理等诸多方面，她都投入了大量的时间和精力，成绩的取得与她的付出是完全分不开的，在此谨向她表示深深的谢意。

本课题得到了国家自然科学基金和上海市科技发展基金的支持，在此一并表示感谢！

最后，还要感谢那些曾经给予我帮助的亲人、老师、朋友、同学，衷心祝愿他们身体健康，家庭幸福，事业有成！

刘金库